工业和信息化
人才培养规划教材

Industry And Information
Technology Training
Planning Materials

高职高专计算机系列

3ds Max 2012 中文版
基础教程（第2版）

3ds Max 2012 Basic Tutorial

王海英 詹翔 ◎ 主编

胡晓敏 ◎ 副主编

U0249520

人民邮电出版社

北 京

图书在版编目（C I P）数据

3ds Max 2012中文版基础教程 / 王海英，詹翔主编
. -- 2版. -- 北京 : 人民邮电出版社，2014.3
工业和信息化人才培养规划教材. 高职高专计算机系列

ISBN 978-7-115-33649-1

Ⅰ. ①3… Ⅱ. ①王… ②詹… Ⅲ. ①三维动画软件－
高等职业教育－教材 Ⅳ. ①TP391.41

中国版本图书馆CIP数据核字（2013）第287843号

内 容 提 要

本书以三维制作为主线，全面介绍 3ds Max 2012 的二维、三维建模过程及编辑修改方法，放样物体的制作及编辑修改，材质的制作和应用，灯光和摄影机特效的作用方法及粒子效果的应用，动画控制器，高级照明等内容。书中的制作实例都有详尽的操作步骤，内容侧重于操作方法，重点培养学生的实际操作能力，并且各章均设有单元练习，便于学生巩固本章中所学的知识与操作技巧。

本书可作为高等职业院校"三维制作"课程的教材，也可以作为 3ds Max 初学者的自学参考书。

♦ 主　编　王海英　詹　翔
　　副主编　胡晓敏
　　责任编辑　桑　珊
　　责任印制　焦志炜
♦ 人民邮电出版社出版发行　　北京市丰台区成寿寺路 11 号
　　邮编　100164　　电子邮件　315@ptpress.com.cn
　　网址　http://www.ptpress.com.cn
　　三河市海波印务有限公司印刷
♦ 开本：787×1092　1/16
　　印张：16.25　　　　　　　2014 年 3 月第 2 版
　　字数：416 千字　　　　　2014 年 3 月河北第 1 次印刷

定价：38.00 元
读者服务热线：(010)81055256　印装质量热线：(010)81055316
反盗版热线：(010)81055315

第 2 版前言

3ds Max 是著名的三维设计和动画制作软件，已经广泛地应用于多媒体制作、游戏开发、三维动画设计、建筑效果图设计、电视广告制作、动态模拟仿真等众多领域。目前，我国很多高等职业院校计算机多媒体相关专业都将 3ds Max 作为一门重要的专业课程。为了帮助高职院校的教师能够比较全面、系统地讲授这门课程，使学生能够熟练地使用 3ds Max 进行三维制作，我们编写了这本《3ds Max 2012 中文版基础教程》。

我们对本书的体系结构做了精心的设计，按照实际的三维动画制作流程，即"创建物体—赋材质—设灯光—渲染输出"这一思路进行编排，力求实例典型、操作简单易学。在内容编写方面，我们注重难点分散、循序渐进；在文字叙述方面，我们注重言简意赅、重点突出；在实例选取方面，我们注重实用性和针对性。

本书第 2 版较第 1 版做了一些更新，增加了新的界面视图导航控制器的介绍，更新了部分范例，去除了一些不常用的，操作较为复杂的功能介绍，如 NURBS 造型功能中的多轨道和多曲面编辑工具。还将使用频率较低的 mental ray 渲染器，替换成了用户群广泛而且功能更简洁的【V-Ray】渲染器，目的是为了让该版本更贴近实用。

本书既强调基础，又注重能力的培养，每章都附有一定数量的习题，可以帮助学生进一步巩固基础知识。本书的教学时数为 100 学时，其中实践环节为 64 学时，各章的参考学时参见下面的学时分配表。

章节	课程内容	学时分配	
		讲授	实训
第 1 章	3ds Max 2012 基础知识	1	2
第 2 章	基本体与常用工具	2	2
第 3 章	建筑构件	3	4
第 4 章	三维造型的编辑与修改	4	6
第 5 章	二维画线与捕捉	4	6
第 6 章	NURBS 曲面高级建模	4	8
第 7 章	材质应用与实例分析	4	8
第 8 章	灯光与摄影机动画	2	4
第 9 章	光度学灯与高级照明	4	8
第 10 章	环境特效动画	2	6
第 11 章	粒子系统动画	4	6
第 12 章	渲染与图像输出	2	4
课时总计		36	64

本书由王海英、詹翔任主编，胡晓敏任副主编，参加本书编写工作的还有沈精虎、黄业清、宋一兵、谭雪松、冯辉、计晓明、滕玲、董彩霞、管振起等。由于编者水平有限，书中难免存在疏漏之处，敬请各位读者批评指正。

编 者
2013 年 9 月

《3ds Max 2012 中文版基础教程（第 2 版）》教学辅助资源

素材类型	名称或数量	素材类型	名称或数量
课时表	1 套	课堂实例	122
范例文件	12 单元	课后实例	17
PPT 课件	12 个	课后答案	12
第 1 章 3ds Max 2012 基础知识	3ds Max 2012 中文版系统简介	第 7 章 材质应用与实例 分析	材质与贴图的概念
	三维空间的概念与操作		材质编辑器
第 2 章 基本体与常用 工具	常用创建方法		漫反射贴图与贴图坐标
	常用复制工具		复合材质
	制作钟表		制作群体玻璃材质
	对齐工具		制作金属质感材质
	ViewCube 视图导航控制		制作涌动的海面
第 3 章 建筑构件	建筑物组合建模	第 8 章 灯光与摄影机 动画	灯光的属性与特征
	单体构件的应用		常用标准灯光
	多构件的组合应用		灯光特效
	室内建筑物场景建模		摄影机的属性与特征
第 4 章 三维造型的编 辑与修改	常用造型修改器		摄影机使用方法
	单个修改器重复嵌套		穿行浏览与路径约束
	多个修改器顺序嵌套		摄影机景深特效
	常用动画修改器	第 9 章 光度学灯与高级 照明	光跟踪与天光系统
	多边形建模		光度学灯布光及曝光控制
	制作水龙头		光能传递
	三维布尔运算	第 10 章 环境特效动画	环境特效的使用方法
第 5 章 二维画线 与捕捉	二维画线的作用与概念		雾效的使用方法
	二维画线		火焰特效的使用方法
	捕捉功能	第 11 章 粒子系统动画	多种粒子发射方式
	二维图形编辑		空间力场对粒子的影响
	制作吉祥如意牌		粒子的导向效果
	直接三维生成法		制作雪花动画
	轮廓线型类三维生成法		创建粒子阵列动画
	截面加路径类转换法		制作丛林瀑布
第 6 章 NURBS 曲面 高级建模	制作仿古椅	第 12 章 渲染与图像输出	【扫描线】渲染器使用方法
	NURBS 曲面的原理与概念		渲染烘焙使用方法
	基本 NURBS 曲面		打印大小向导
	NURBS 曲面编辑		调用【V-Ray】渲染器
	NURBS 曲线		【V-Ray】渲染器的光照效果
	点编辑工具		反射材质效果
	曲线编辑工具		【V-Ray】玻璃材质
	曲面编辑工具		

目 录

第1章

3ds Max 2012 基础知识

　　三维动画技术，是计算机图形图像领域中技术含量较高的一种辅助设计手段，该技术被广泛应用于影视特效、电视广告、建筑设计与装潢、机械设计与制造、三维游戏设计、多媒体教学等行业。在众多三维设计制作软件中，国内最为普及的是 Autodesk 公司出品的 3ds Max。本章主要介绍 3ds Max 2012 中文版的基本功能以及各功能的组合使用技巧。

1.1　3ds Max 2012 中文版系统简介

　　3ds Max 是一个标准的 Windows 通用程序，软件的基本操作方法与其他 Windows 下的程序类似。正确安装该软件后，可以通过桌面图标或开始菜单调用该程序。3ds Max 的文件操作方法也和其他 Windows 通用程序一样，以后缀名 ".max" 进行保存和编辑修改。

1.1.1　进入 3ds Max 2012 中文版系统

　　使用一个软件，通常首先要进入该软件的程序界面，然后才能调用该软件的命令进行工作。本节将学习如何启动 3ds Max 2012 系统。启动某一程序的方法较多，下面着重介绍几种比较常用的方法。

⚷　进入 3ds Max 2012 中文版系统

　　（1）首先确认系统中正确安装了 3ds Max 2012 中文版软件。

　　（2）单击 Windows 7 界面左下方任务栏上的 按钮。

　　（3）选择【所有程序】/【Autodesk】/【Autodesk 3ds Max 2012 64-bit】/【Autodesk 3ds Max 2012 64-bit】命令，此时 3ds Max 2012 系统自动开启，3ds Max 2012 中文版的启动画面如图 1-1 所示。

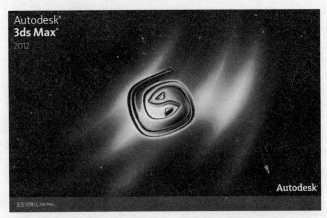

图1-1　3ds Max 2012中文版的启动画面

　① 另一种启动方法是，双击 Windows 桌面上的快捷方式图标。

② 本书采用的是64位的 Windows 7 操作系统，所以开启的是3ds Max 2012 64位版本，这个版本和32位的3ds Max 2012功能相同。

1.1.2　3ds Max 2012中文版系统界面分区及结构

3ds Max 2012中文版采用了标准的 Windows 7 用户界面，菜单栏、工具栏、状态栏与其他 Windows 应用软件大致相同。

3ds Max 2012 中文版系统界面分区及结构

（1）接上例。单击窗口左上方的 按钮，在其下拉列表中选择【打开】命令，弹出【打开文件】对话框，如图1-2所示。3ds Max 2012默认界面是黑底白字，为了方便读者看图，本书中的界面颜色均调成了常规的灰底黑字。

（2）在【打开文件】对话框中选择教学资源包中的"范例\CH01\1_01.max"文件，场景效果如图1-3所示。

图1-2　【打开文件】对话框形态

各区域的主要作用可参见表1-1。

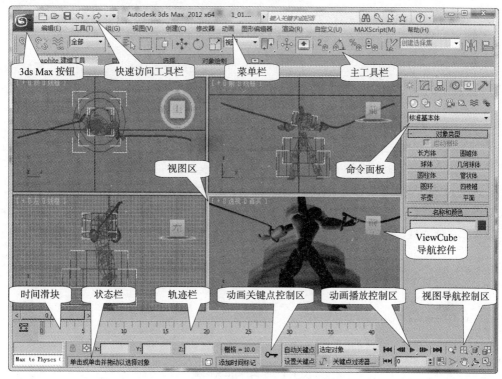

图 1-3　3ds Max 2012 中文版系统界面划分

表 1-1　各区域名称及功能简介

名称	功能简介
3ds Max 按钮	该按钮是以前版本的【文件】菜单，里面提供了 3ds Max 文件操作命令，如【新建】、【打开】等
快速访问工具栏	提供一些最常用的快捷工具，如【保存场景文件】、【撤销场景操作】等工具的按钮
菜单栏	每个菜单的名称表明其用途。单击某个菜单命令，即可弹出相应的下拉菜单，用户可以从中选择所要执行的命令
主工具栏	主工具栏位于菜单栏之下，它包括了常用的各类工具及其快捷图标
视图区	视图区是系统界面中面积最大的区域，是主要的工作区，系统默认设置为 4 个视图
ViewCube 导航控件	提供了当前视窗方向控制，可以通过该控件调整视图方向以及切换不同的视图角度
命令面板	命令面板的结构比较复杂，内容也非常丰富。在 3ds Max 2012 中主要依靠它来完成各项主要工作
时间滑块	时间滑块在鼠标拖曳下可以到达动画的某一个特定点，方便用户观察和设置不同时刻的动画效果
状态栏	提供有关场景和活动命令的提示和状态信息
轨迹栏	显示当前动画的时间总长度及关键点的设置情况
动画关键点控制区	主要用于动画的记录和动画关键点的设置，是创建动画时最常用的区域
动画播放控制区	主要用来进行动画的播放控制以及动画时间的控制
视图导航控制区	主要用于控制各视图的显示状态，可以方便地移动和缩放各视图

1.1.3 界面操作与浮动工具栏

3ds Max 2012中文版功能非常多，所以该软件的界面布局也相对复杂，按钮组层层嵌套。因此用户首先要熟悉界面布局与按钮调用方面的基本知识。

界面操作与浮动工具栏

（1）接上例。如果主工具栏中的按钮显示不完全，可将鼠标光标放在主工具栏中的空白处，当鼠标光标变为 形态时，按住鼠标左键沿水平方向拖曳，即可显示其余按钮。

（2）部分按钮的右下角有小三角，表示这个按钮下面还隐藏着其他相关功能的按钮，在此类按钮上按住鼠标左键，即可显示出隐藏的按钮，如图1-4所示。将鼠标光标移动到要选择的按钮上，松开鼠标左键，即可选择该按钮。

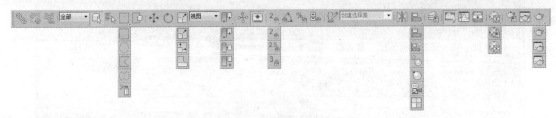

图1-4 隐藏按钮的形态

（3）将鼠标光标放在视图分界线的十字交叉中心点上，如图1-5上图所示，按住鼠标左键向左上方向拖曳视图分界线，此时右下角的透视图扩大了，而其他视图缩小了，如图1-5所示。

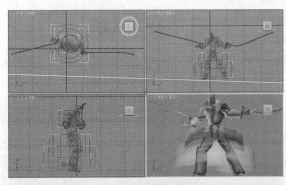

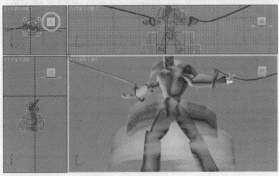

图1-5 鼠标光标在分界线上的位置及重新划分视图区域的结果

用相同的方法可以改变任意视图的大小，若将鼠标光标放在水平或垂直的分界线上，则只能单一地改变视图的水平或垂直尺寸。

（4）在视图分界线上单击鼠标右键，选择【重置布局】选项，如图 1-6 所示，即可恢复视图的均分状态。

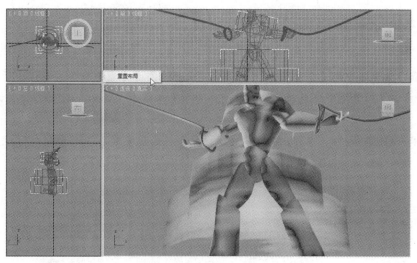

图 1-6　【重置布局】选项的位置

（5）在主工具栏的空白处单击鼠标右键，弹出快捷菜单选项，其中勾选的命令为已显示在界面中的工具栏，未勾选的就是暂时没显示出来的工具栏。选择图 1-7 中鼠标所指的【层】命令，则会在界面中显示出【层】工具栏。

（6）在【层】工具栏上按住鼠标左键，将其拖曳至主工具栏的下方，如图 1-8 左图所示，此时【层】工具栏就会固定在选择的位置上，如图 1-8 右图所示。

图 1-7　快捷菜单形态

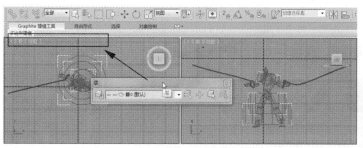

图 1-8　将【层】工具栏固定在主工具栏的下方

 如果再次打开图 1-7 所示的快捷菜单，会看的【层】命令已经被勾选，如果再次单击该命令，则窗口中的【层】工具栏就会被关闭了。

（7）利用相同方法显示【捕捉】和【附加】工具栏，然后将它固定在主工具栏的下方，结果如图 1-9 所示。

图 1-9　显示工具栏的名称及位置

要点提示　选择菜单栏中的【自定义】/【显示 UI】/【显示浮动工具栏】命令，可以显示全部浮动工具栏。再次选择该命令，就可以关闭所有浮动工具栏。

（8）显示菜单栏中的【自定义】/【保存自定义用户界面方案】命令，在弹出的【保存自定义用户界面方案】对话框中将当前已设置好的界面布置保存为"MaxStarUI.ui"文件，如图 1-10 所示。

（9）单击 保存(S) 按钮，在弹出的【自定义方案】对话框中单击 确定 按钮，如图 1-11 所示。这样在以后进入 3ds Max 2012 时，就不必再次布置浮动工具栏的位置了。

图 1-10　【保存自定义 UI 方案】对话框　　　　　图 1-11　【自定义方案】对话框

（10）在透视图内的任意位置单击鼠标左键（或鼠标右键），激活透视图，单击动画播放控制区中的 ▷ 按钮，在透视图中观看动画效果，如图 1-12 所示。该场景已经包含了动画设置，在 3ds Max 视图中可以十分方便地预览动画效果。

图 1-12　动画预览效果

（11）单击 ▮▮ 按钮关闭动画播放。

要点提示　在透视图中看到的只是粗糙的动画预览效果，而精细的二维平面图形必须要经过渲染才能得到。

（12）将时间滑块拖曳至第 7 帧的位置，单击主工具栏中的 按钮，渲染透视图，效果如图 1-13 所示。

（13）选择窗口左上方的 ⬤ /【重置】命令，在弹出的询问对话框中单击 是(Y) 按钮，如图 1-14 所示，随后系统会恢复到刚启动时的状态。这一过程在下文中将简述为"重新设定系统"。

如果对场景进行了编辑操作，系统首先会询问是否保存场景，本例中不保存。具体操作方法见 1.1.4 小节中的内容。

图 1-13　静帧画面渲染效果

图 1-14　弹出的对话框形态

1.1.4　退出 3ds Max 2012 中文版系统

在完成工作后，应退出 3ds Max 2012 中文版系统。单击窗口左上方的 ⬤ 按钮，单击弹出菜单窗口最下方的 退出 3ds Max 按钮，即可退出系统。如果此时场景中文件未保存，会出现一个对话框询问是否保存更改，如图 1-15 所示。如需要将场景保存就单击 是(Y) 按钮，不保存则单击 否(N) 按钮。

退出 3ds Max 2012 中文版系统还有以下两种方法。

图 1-15　保存文件询问对话框

- 确认 3ds Max 2012 中文版系统为当前激活窗口，在键盘上按下快捷键 Alt + F4 即可。
- 直接单击菜单界面右上方的 ✕ 按钮，这和关闭其他 Windows 程序的方法一样。

1.2　三维空间的概念与操作

3ds Max 2012 的操作比较复杂，因为该软件是在一个三维空间中进行操作的，所以需要用户具有良好的空间想象能力。用户首先要理解笛卡尔空间与 3ds Max 2012 视图的关系，搞清正交视图与透视图的区别与作用，在此基础上才能逐渐掌握最基本的视图操作及物体的变动修改操作。

1.2.1　笛卡尔空间与视图

3ds Max 2012 内置了一个几乎无限大而又全空的虚拟三维空间，这个三维空间是根据笛卡尔坐标系构成的，因此 3ds Max 2012 虚拟世界中的任何一点都能够用 x、y、z 这 3 个值来精确定位，如图 1-16 所示。

x、y、z 轴中的每一个轴都是一条两端无限延伸的不可

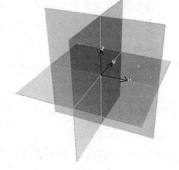

图 1-16　笛卡尔空间中的 x、y、z 轴

见的直线，且这 3 个轴是互相垂直的。3 个轴的交点就是虚拟三维空间的中心点，称为世界坐标系原点。每两个轴组成一个平面，包括 *xy* 面、*yz* 面和 *xz* 面，这 3 个平面在 3ds Max 2012 中被称为"主栅格"，它们分别对应着不同的视图。在默认情况下，通过鼠标拖曳方式创建模型时，都将以某个主网格为基础进行创建。

3ds Max 2012 的视图区默认设置为 4 个视图，在每个视图的左上角都有视图名称标识，这 4 个视图分别是顶视图、前视图、左视图和透视图。其中顶视图、前视图和左视图为正交视图，它能够准确地表现物体高度和宽度以及各物体之间的相对关系，而透视图则是与日常生活中的观察角度相同，符合近大远小的透视原理，这 4 个视图的情况如图 1-17 所示。

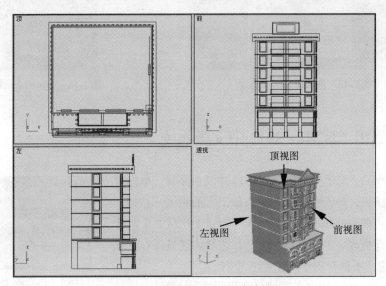

图 1-17   默认的 4 视图划分效果

1.2.2   坐标系与物体变动套框

在进行变动修改操作时，首先要理解坐标系统的概念（简称为坐标系），其中有两种坐标系最重要，一种是世界坐标系，另一种是视图坐标系。

世界坐标系主要是用来观察物体之间的相对关系的。在每个视图的右下角都有一个三色的世界坐标系标志，*x* 轴为红色，*y* 轴为绿色，*z* 轴为蓝色，该标志无论在哪种坐标系状态下都不会改变。各视图对应世界坐标系的关系如图 1-18 所示。

视图坐标系主要是针对物体进行变动修改操作而设的，透视图中的坐标与世界坐标系完全相同，其余的正交视图都使用统一的坐标系，即横轴为 *x* 轴、竖轴为 *y* 轴，垂直于屏幕的轴为 *z* 轴。各视图对应视图坐标系的关系如图 1-19 所示。

视图坐标系是 3ds Max 2012 的默认坐标系，也是最常用的操作坐标系，它直接反映在物体的变动修改套框上。在 3ds Max 2012 中有 3 种基本的变动修改操作，分别是 ✥（移动）、↻（旋转）、▣（缩放），它们都有各自独立的变动修改套框。在激活相应的按钮时，场景中被选择的物体就会自动出现相应的变动修改套框。将鼠标光标放在修改套框的不同部位，就可以自动激活相应的轴或轴平面，通过拖曳鼠标来实现在相应轴上的变动修改操作。在非激活状态下，各轴的颜色与世界坐标系标志的颜色相同，即 x 轴为红色，y 轴为绿色，z 轴为蓝色，当相应的轴或轴平面被激活时则会显示为亮黄色。

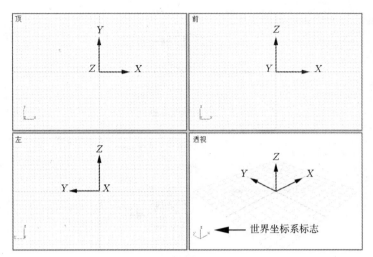

图 1-18　各视图对应世界坐标系的关系

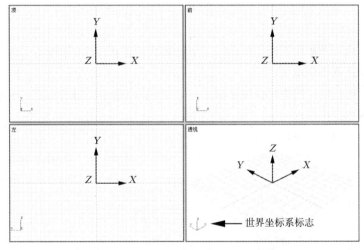

图 1-19　各视图对应视图坐标系的关系

1. ⊹（移动）修改套框

移动修改套框的形态如图 1-20 所示。

- 单向轴：当鼠标光标激活单向轴，并按住鼠标左键拖曳时，就可以在单个轴向上移动物体。
- 轴平面：当鼠标光标激活轴平面，并按住鼠标左键拖曳时，就可以在轴平面上移动物体。

2. ◯（旋转）修改套框

旋转修改套框的形态如图 1-21 所示。

- 单向旋转轴：当激活任一单向旋转轴，并按住鼠标左键拖曳时，就可以在单个轴向上旋转物体。

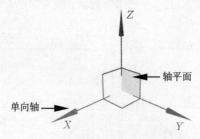

图 1-20　移动修改套框的形态

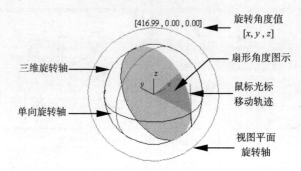

图 1-21　旋转修改套框的形态

- 三维旋转轴：当激活三维旋转轴，并按住鼠标左键拖曳时，就会以被旋转物体的轴心为圆心进行三维旋转。
- 视图平面旋转轴：当激活视图平面旋转轴，并按住鼠标左键拖曳时，就会在当前视图平面上进行旋转。
- 鼠标光标移动轨迹切线：当按住鼠标左键拖曳时，才会出现以鼠标光标的初始位置为切点，沿旋转轴绘制的一条切线。该切线分为两截，它们分别标志着此次旋转操作鼠标光标可以移动的两个方向，一截为灰色（鼠标光标未在此方向上移动），一截为黄色（鼠标光标正在移动的方向上）。
- 旋转角度值：该值显示的是本次旋转的相对角度变化，只有在开始旋转时才会出现。
- 扇形角度图示：以扇形填充区域来显示旋转的角度范围。

3. ▣（缩放）修改套框

缩放修改套框的形态如图 1-22 所示。

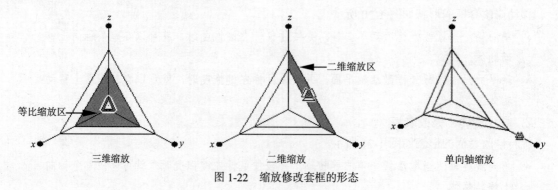

图 1-22　缩放修改套框的形态

- 等比缩放区：当激活等比缩放区，并按住鼠标左键拖曳时，物体会在 3 个轴向上做等比缩放，只改变体积大小，而不改变外观比例，这种缩放方式属于三维缩放。
- 二维缩放区：当激活二维缩放区，并按住鼠标左键拖曳时，物体会在指定的坐标轴向上进行非等比缩放，物体的体积和外观比例都会发生变化，这种缩放方式属于二维缩放。
- 单向轴缩放：当激活任一单向轴，并按住鼠标左键拖曳时，物体会在指定的单个轴向上进行单向轴缩放，这种缩放方式也属于二维缩放。

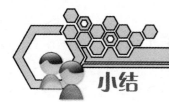

小结

　　本章简要介绍了 3ds Max 2012 中文版启动、退出等操作以及界面划分、浮动工具栏的布局，主要目的是为了熟悉软件界面，为后面深入学习软件功能打基础。

　　本章还介绍了笛卡尔空间与视图划分，需要重点理解的是正交视图与透视图的关系与区别，这些是正确理解三维空间概念的基础。

　　理解了视图的概念之后，就需要熟练掌握视图的控制方法，包括视图的转换、视图显示方式的转换和自定义视图区域划分等内容。视图导航控制区中的常用按钮也是非常重要的，熟练掌握它们将有助于更好地操作与观察场景。

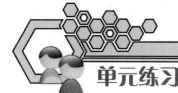

单元练习

一、填空题

1. _____是系统界面中面积最大的区域，是主要的工作区，系统默认设置为_____视图。

2. 3ds Max 2012 内置了一个几乎无限大而又全空的虚拟三维空间，这个三维空间是根据_____构成的，因此 3ds Max 2012 虚拟世界中的任何一点，都能够用_____3 个值来精确定位。

3. x 轴、y 轴、z 轴中的每一个轴都是一条两端无限延伸的不可见的_____，且这 3 个轴_____。

4. 视图坐标系主要是针对物体进行变动修改操作而设的，透视图中的坐标与_____完全相同，其余的正交视图都使用_____的坐标系。

二、选择题

1. 选择菜单栏中的_____命令，可以显示全部的浮动工具栏。

   A.【自定义】/【显示 UI】/【显示浮动工具栏】

   B.【自定义】/【显示 UI】/【显示命令面板】

   C.【自定义】/【显示 UI】/【显示轨迹栏】

2. _____区主要用来进行动画的播放以及动画时间的控制。

   A. 动画关键点控制

   B. 动画播放控制

   C. 视图导航控制

3. 若重设置场景时系统发现当前场景的部分数据未存盘，则会首先询问_____。

   A. 是否取消本次操作

   B. 是否重设定场景

   C. 是否保存当前场景

   D. 是否退出系统

三、问答题

1. 怎样进入 3ds Max 2012 中文版系统？

2. 怎样保存当前界面设置？

3. 退出 3ds Max 2012 中文版的方法有哪些？

第2章
基本体与常用工具

在日常生活中，几何物体的造型随处可见，如盒子、圆桌、球等。在 3ds Max 2012 中，这些几何物体的造型都有简便、快捷的创建方法，而且其外观尺寸可以通过数值进行参数化调节。很多设计工作对模型的尺寸、方位等要求比较严格，需要制作人员精确建模。3ds Max 2012 系统提供了丰富的绘图辅助工具，使这些工作变得更加容易。

在建模时通常使用鼠标操作，这种方法虽然方便，但不够精确。为了尽可能的准确，系统提供了一种通过键盘输入的创建方法，可以在三维空间中指定的坐标点处精确地创建一个固定的模型。此外，3ds Max 2012 还提供了一套完善的捕捉功能，极大地方便了精确作图的工作。本章将详细介绍这些功能的使用方法。

2.1 常用创建方法

本节主要以基本体的创建方法为例，详细介绍如何在 3ds Max 2012 中创建三维物体，并提供了 3 种常用创建方法，分别是鼠标拖曳创建法、键盘输入创建法和 3D 捕捉创建法。它们适用于大部分的三维建模工作，但又各有其优缺点，希望读者在实际操作中能够灵活运用。

2.1.1 鼠标拖曳创建法

3ds Max 2012 默认的是在基础网格上创建物体，也就是在视图中所看到的灰色网格。当在同一视图中先后创建两个方体时，它们的底面都在一个平面上。在【对象类型】参数面板中，有一个 自动栅格 □ 选项，此功能可以自动定义基准网格，允许以任意网格物体的某个表面作为基准，以垂直于该面的法线为 z 轴，来创建其他物体。

🔑 鼠标拖曳创建法

（1）重新设定系统。单击 ✱ / ○ / 管状体 按钮，在透视图中创建一个管状体。

（2）在【参数】面板中修改【半径1】值为"50"、【半径2】值为"25"、【高度】值为"10"，此时管状体形态如图 2-1 所示。

要点提示 可以单击选项右侧 按钮的上下箭头来更改数值，也可以直接用键盘输入数值。

（3）将鼠标光标移动到物体名称【Tube001】旁边的颜色框内，单击鼠标左键，弹出【对象颜色】对话框，选择红色，位置如图 2-2 所示，单击 确定 按钮，关闭【对象颜色】对话框，这时管状体的颜色将同步变为红色。

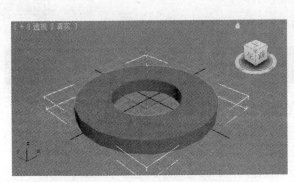
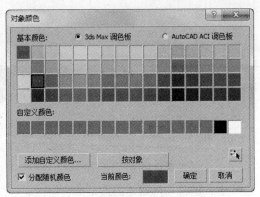

图 2-1　平面物体在透视图中的形态　　　　图 2-2　【对象颜色】对话框形态

要点提示 修改物体颜色时最好不要选用白色或黑色，因为系统默认白色为当前被选择物体的颜色，黑色为被冻结物体的颜色。

（4）单击创建命令面板中的 茶壶 按钮，勾选【对象类型】面板中的【自动栅格】选项，然后将鼠标光标放在透视图中的管状体顶部，位置如图 2-3 所示。

要点提示 此时会有一个轴心点跟随着鼠标光标，此轴心点便是所要创建物体的基准网格中心，它会自动附着在鼠标光标所触及到的网格物体的表面，轴心点的 z 轴与表面的法线平行，即垂直于此表面。

（5）按住鼠标左键向下拖曳，观察透视图，发现在管状体顶面出现一个黑色网格，它便是系统自动生成的新的坐标网格。然后松开鼠标左键，生成茶壶体，位置如图 2-4 所示。

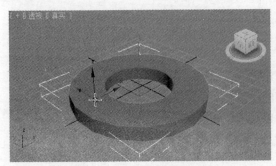
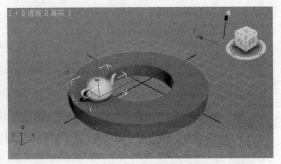

图 2-3　鼠标光标的位置　　　　　　图 2-4　在平面顶部创建茶壶物体

【自动栅格】功能可以使新创建的物体直接附着于某物体表面，在使用后应注意及时取消其勾选状态，否则在以后创建物体时会有诸多不便。要想取消该勾选状态，必须激活任意几何物体按钮，然后才能操作。

【补充知识】

下面以表格形式给出标准基本体的图例及创建方法，如表 2-1 所示。

表 2-1　标准基本体的图例及参数解释

名称及创建方法	图例	名称及创建方法	图例
长方体 ① 按住鼠标左键拖曳出底面 ② 松开鼠标左键移动生成高度 ③ 单击鼠标左键确定		**几何球体** ① 按住鼠标左键拖曳 ② 松开鼠标左键完成	
圆锥体 ① 按住鼠标左键拖曳出底面 ② 松开鼠标左键移动生成高度 ③ 单击鼠标左键移动鼠标,生成顶面 ④ 单击鼠标左键确定		**圆柱体** ① 按住鼠标左键拖曳出底面 ② 松开鼠标左键移动生成高度 ③ 单击鼠标左键确定	
球体 ① 按住鼠标左键拖曳 ② 松开鼠标左键完成		**管状体** ① 按住鼠标左键拖曳出底面 ② 松开鼠标左键移动生成高度 ③ 单击鼠标左键确定	
圆环 ① 按住鼠标左键拖曳出半径 1 ② 松开鼠标左键移动生成半径 2 ③ 单击鼠标左键确定		**四棱锥** ① 按住鼠标左键拖曳出底面 ② 松开鼠标左键移动生成高度 ③ 单击鼠标左键确定	
茶壶 ① 按住鼠标左键拖曳 ② 松开鼠标左键完成		**平面** ① 按住鼠标左键拖曳出一个四方面 ② 松开鼠标左键完成	

2.1.2　键盘输入创建法

在创建标准基本体、扩展基本体及二维线型时，都有一个【键盘输入】面板，这里面除了包含各物体的基本参数外，还有 3 个绝对坐标参数，通过它们可以设置该物体的轴点所在位置。使用该功能时，应注意物体的原始参数在未创建前可以在此面板中设置，一旦物体创建完成后，就要在其【参数】面板中进行修改。

键盘输入创建法

（1）重新设定系统。单击　／　标准基本体 ▼ 下拉列表，选择 扩展基本体 ▼ 选项。

（2）激活透视图，单击 C-Ext 按钮，展开【键盘输入】面板，设置各项参数至如图 2-5 左图所示，单击 创建 按钮，在透视图中创建一个 C 型墙，效果如图 2-5 右图所示。

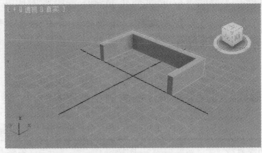

图2-5　【键盘输入】面板设置及物体形态

要点提示　物体创建完成后，如果想修改其尺寸，可以在【键盘输入】面板下方的【参数】面板中设置参数。

（3）单击　球棱柱　按钮，展开【键盘输入】面板，设置各项参数，如图2-6左图所示，单击　创建　按钮，在C型墙的一端创建一个球棱柱，位置如图2-6中图所示。

（4）设置【Y】轴坐标为"-40"，再单击　创建　按钮，在C型墙的另一端又创建了一个球棱柱，位置如图2-6右图所示。

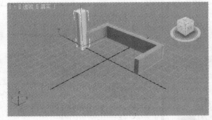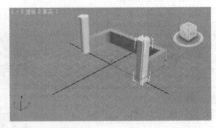

图2-6　【键盘输入】面板中的设置及各球棱柱的位置

（5）单击　环形结　按钮，展开【键盘输入】面板，设置各项参数，如图2-7左图所示，单击　创建　按钮，在球棱柱的顶端创建一个环形结，位置如图2-7中图所示。

（6）设置【Y】轴坐标为"-40"，再单击　创建　按钮，在另一个球棱柱的顶端创建一个环形结，位置如图2-7右图所示。

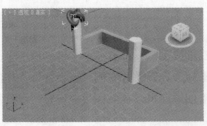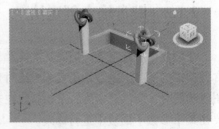

图2-7　【键盘输入】面板中的设置及各环形结的位置

（7）单击窗口左上方快速访问工具栏中的▦按钮，将此场景保存为"2_01.max"文件。此场景的线架文件以相同名字保存在教学资源包的"范例\CH02"目录中。

【补充知识】

下面以表格形式给出扩展基本体的图例及创建方法，如表2-2所示。

表 2-2　标准基本体的图例及参数解释

名称及创建方法	图例	名称及创建方法	图例
异面体 ① 按住鼠标左键拖曳 ② 松开鼠标左键完成		**环形结** ① 按住鼠标左键拖曳 ② 松开鼠标左键调节圆管半径 ③ 单击鼠标左键确定	
切角长方体 ① 按住鼠标左键拖曳出底面 ② 松开鼠标左键移动生成高度 ③ 单击鼠标左键移动鼠标，生成切角 ④ 单击鼠标左键确定		**切角圆柱体** ① 按住鼠标左键拖曳出底面 ② 松开鼠标左键移动生成高度 ③ 单击鼠标左键移动鼠标，生成切角 ④ 单击鼠标左键确定	
油罐 ① 按住鼠标左键拖曳出底面 ② 松开鼠标左键移动生成高度 ③ 单击鼠标左键移动鼠标，生成切角 ④ 单击鼠标左键确定		**胶囊** ① 按住鼠标左键拖曳出底面 ② 松开鼠标左键移动生成高度 ③ 单击鼠标左键确定	
纺锤 ① 按住鼠标左键拖曳出半径 ② 松开鼠标左键移动生成高度 ③ 单击鼠标左键移动鼠标，生成封口高度 ④ 单击鼠标左键确定		**L-Ext** ① 按住鼠标左键拖曳出底面 ② 松开鼠标左键移动生成高度 ③ 单击鼠标左键移动鼠标，生成厚度 ④ 单击鼠标左键确定	
球棱柱 ① 按住鼠标左键拖曳出底面 ② 松开鼠标左键移动生成高度 ③ 单击鼠标左键移动鼠标，生成圆角 ④ 单击鼠标左键确定		**C-Ext** ① 按住鼠标左键拖曳出底面 ② 松开鼠标左键移动，生成高度 ③ 单击鼠标左键移动鼠标，生成厚度 ④ 单击鼠标左键确定	
环形波 ① 按住鼠标左键拖曳出底面 ② 松开鼠标左键移动生成环形宽度 ③ 单击鼠标左键确定		**棱柱** ① 按住鼠标左键确定底面的两个点 ② 松开鼠标左键移动确定底面位置 ③ 单击鼠标左键移动鼠标，生成厚度 ④ 单击鼠标左键确定	
软管 ① 按住鼠标左键拖曳出底面 ② 松开鼠标左键移动生成高度 ③ 单击鼠标左键确定			

2.1.3　3D 捕捉创建法

3D 捕捉创建法就是利用捕捉功能创建物体，如想创建外形参数是 10 的整数倍数的物体时，只需单击工具栏中的 ³ᴀ 按钮，系统默认就是照数场景中的栅格捕捉方式进行创建，此时创建的物体参数就是 10 的整数倍。

在工具栏中的 ³ᴀ 按钮上单击鼠标右键，可打开【栅格和捕捉设置】窗口，在此窗口中进行捕捷设置，如图 2-8 所示。

3D 捕捉创建法

（1）重新设定系统。单击 ▣ / ◯ / 标准基本体 ▾ /
圆环 按钮，在透视图中创建一个【半径 1】为 "60"、
【半径 2】为 "5" 的圆环物体。

（2）单击主工具栏中的 ³ 按钮，打开 3D 捕捉。在此按
钮上单击鼠标右键，打开【栅格和捕捉设置】窗口，单击【栅
格点】选项，取消其勾选。勾选【轴心】选项，启用轴心点
捕捉。关闭【栅格和捕捉设置】窗口。

图 2-8 【栅格和捕捉设置】窗口形态

（3）再单击创建命令面板中的 圆锥体 按钮，将鼠标光标放在圆环物体上，此时会出现黄
色捕捉框，如图 2-9 左图所示。

（4）按住鼠标左键拖曳生成圆锥体的底面，系统自动捕捉圆环的轴心点为新建圆环的轴心，
然后松开鼠标左键并移动鼠标，生长圆锥体的高度，到了合适位置在单击鼠标左键创建顶面，最
后单击确定整个圆锥体的形态。如果通过鼠标创建的圆锥体不符合自己的要求，可以直接在参数
面板中修改参数，本例中使用的参数【半径 1】为 "20"、【半径 2】为 "0"、【高度】为 "40"，如
图 2-9 右图所示。

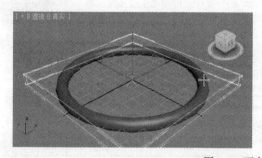 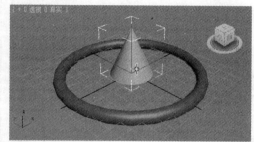

图 2-9 两个圆环的位置

2.2 常用复制工具

在制作复杂场景时，通常会遇到要创建多个相同物体的情况，如果逐一创建就会很费时。3ds
Max 2012 提供了丰富的复制工具，使创建相同结构的物体变得非常简单。本节将具体介绍这些复
制工具的使用方法。

2.2.1 克隆复制

克隆复制功能是对选择的物体进行原地复制，复制的新物体与
原物体重合，然后通过变换工具将复制的物体移动到新的位置，也
可以在原地进行修改，通常利用克隆复制功能制作同心物体。下面
就利用克隆复制功能制作同心支撑柱，如图 2-10 所示。

图 2-10 同心圆支撑柱效果

克隆复制

（1）重新设定系统。先确认 ³ 按钮是否处于关闭状态。单击 ❉ / ○ / 标准基本体 ▼ / 圆环 按钮，在透视图中创建一个【半径 1】值为 "50"、【半径 2】值为 "10"、的圆环。

（2）勾选参数面板中的【启用切片】选项，将【切片结束位置】改成 "180"。此时圆环物体就变成了一个半环物体。参数如图 2-11 左图所示。

（3）单击鼠标右键，取消创建状态。选择菜单栏中的【编辑】/【克隆】命令（快捷键为 Ctrl + V），在弹出的【克隆选项】对话框中选择【复制】选项，然后单击 确定 按钮，在原地克隆一个圆环物体。

（4）系统会自动进入 ◢ 修改命令面板，在【参数】面板中，将【切片起始位置】改成 "180"，【切片结束位置】改成 "0"，其他参数调整至如图 2-11 右图所示。此时场景中的物体形态如图 2-11 中图所示。

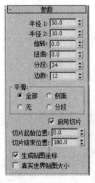
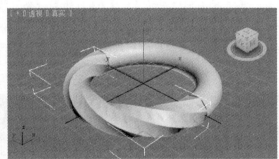

图 2-11　物体在透视图中的形态

对物体进行移动的同时，还可以进行克隆操作，并且可以设定复制的数量。下面就利用上例制作出若干个支撑柱，效果如图 2-12 所示。

图 2-12　克隆后的支撑柱形态

移动克隆复制

（1）接上例，在前视图中框选场景中的 2 个圆环物体，再选择菜单栏中的【组】/【成组】命令，在弹出的【组】对话框中为成组物体取名为 "半环"，然后单击 确定 按钮。

（2）单击主工具栏中的 ✛ 按钮，激活前视图，将鼠标光标放在 x 轴上，按住键盘上的 Shift 键，同时按住鼠标左键将支撑柱向左移动一段距离，使得两个物体没有相互交插即可。

（3）在弹出的【克隆选项】对话框中选择【实例】项，将【副本数】设为 "1"，再单击 确定 按钮确定，【克隆选项】对话框形态如图 2-13 左图所示。前视图中效果如图 2-13 中图所示。

（4）利用相同方法再向右以【复制】方式再复制一组圆环。参数如图 2-13 右图所示。

（5）在透视图中单击鼠标右键使其处于激活状态，在视图导航控制区中找到 ▣ 按钮（最大化显示选定对象），在这个按钮上按住鼠标左键不放，会弹出该按钮中隐藏的其他按钮，按住左键不放并拖动鼠标到弹出按钮组中的白色方块按钮 ▢ 上（最大化显示），松开鼠标。此时就可以在透视图中全屏显示 3 个圆环物体组。形态如图 2-14 左图所示。

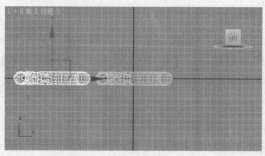

图 2-13　【克隆选项】对话框形态及复制后的物体位置

在实际操作中，【最大化显示选定对象】更为常用，当场景中没有物体被选中时，该命令的作用就等同于【最大化显示】。单击场景中空白区域，则可以自动取消所有物体的被选择状态。

（6）选择中间的圆环，再选择菜单栏中的【组】/【打开】命令，将成组打开，选择扭曲表面半环，在修改命令面板中，将【扭曲】值改为"0"，此时左边以【实例】方式复制的支撑柱也跟着发生变化，而右边以【复制】方式复制出的则仍保持原状，这就是两种复制方式的区别，形态如图 2-14 右图所示。

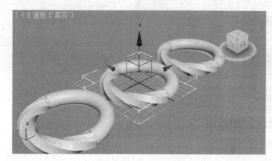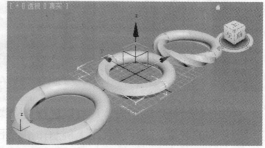

图 2-14　所选圆环物体的位置及修改后的形态

（7）选择菜单栏中的【组】/【关闭】命令，恢复物体的成组状态。

（8）单击窗口左上方快速访问工具栏中的 按钮，将场景保存为"2_02.max"文件。此场景的线架文件以相同名字保存在教学资源包的"范例\CH02"目录中。

【补充知识】

在【克隆选项】对话框里有以下几个常用选项。

- 【副本数】：设置复制的个数。如设置此选项为"2"，即复制出两个物体，包括原物体，场景中共有 3 个物体。
- 【复制】：将当前选择物体进行复制，各物体之间互不相关。
- 【实例】：以原物体为模板，产生一个相互关联的复制物体，改变其中一个物体参数的同时也会改变另外一个物体的参数。
- 【参考】：以原物体为模板，产生单向的关联复制物体，原物体的所有参数变化都将影响复制物体，而复制物体在关联分界线以上所做的修改将不会影响原物体。

2.2.2　镜像复制

镜像复制命令可产生一个或多个物体的镜像。镜像物体可以选择不同的克隆方式，同时还可以沿着多个坐标轴进行偏移镜像。

下面就利用镜像复制功能制作一个茶几物体，形态如图2-15 所示。

图 2-15　茶几形态

镜像复制

（1）重新设定系统。单击窗口左上方快速访问工具栏中的 按钮，打开教学资源包中"范例\CH02"目录中的"2_03.max"文件。

（2）在顶视图中选择所有物体，单击主工具栏中的 按钮，在弹出的【镜像】对话框中设置【偏移】值为"40"，并且选择【复制】选项，如图 2-16 左图所示。然后单击 确定 按钮。此时镜像物体在透视图中的形态如图 2-16 右图所示。

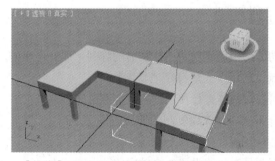

图 2-16　【镜像】对话框及物体镜像后的形态

> 在进行镜像物体时，镜像轴是根据当前激活视图的屏幕坐标系而定的。因此在不同的窗口中做镜像时所选的镜像轴会有区别。实际操作时，可以反复选择不同轴向观察场景中的物体变化。

（3）在顶视图中选择所有物体，利用相同方法，沿 y 轴以【复制】方式镜像，【偏移】值设置为"－40"。激活透视图，单击视图导航控制区中的白色方块按钮 ，使所有物体最大化显示。镜像结果如图 2-17 所示。

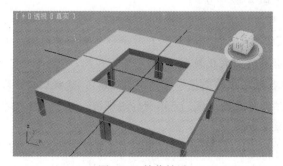

图 2-17　镜像结果

上面的镜像操作使用的都是单个轴向，该功能还能以两个轴为基准进行镜像。

（4）多次单击快速访问工具栏中的 按钮，取消上一步操作，直至恢复到原始形态（或直接重新打开"2_03.max"文件）。

（5）在顶视图中选择所有物体，单击主工具栏中的 按钮，在弹出的【镜像】对话框中选择xy面为镜像面，在克隆选项中选择【复制】方式，单击 确定 按钮确定。

（6）单击主工具栏中的 按钮，在顶视图中选择镜像后的物体，沿xy面进行移动，结果如图2-15所示。

（7）单击窗口左上方的 按钮，在下拉列表中选择【另存为】命令，将场景另存为"2_03_ok.max"文件。此场景的线架文件以相同名字保存在教学资源包中的"范例\CH02"目录中。

【补充知识】

【镜像】对话框部分选项含义如下。

- 【偏移】：指定镜像物体与源物体之间的距离，距离值是通过两个物体的轴心点来计算的。
- 【不克隆】：只镜像物体，不进行复制。

2.2.3　阵列复制

阵列复制功能用于创建当前选择物体的阵列（即一连串的复制物体），可以产生一维、二维、三维的阵列复制，常用于大量有序地复制物体。

阵列复制可以对物体进行移动阵列复制和旋转阵列复制，下面就介绍这两种阵列复制的使用方法。

1．移动阵列复制

移动阵列复制是对物体设置3个轴向（x、y、z）上的偏移量，形成矩形阵列效果。下面利用移动阵列复制方法制作花格地砖物体，效果如图2-18所示。

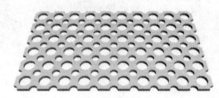

图2-18　花格地砖

阵列复制

（1）重新设定系统。单击窗口左上方快速访问工具栏中的 按钮，打开教学资源包中"范例\CH02"目录中的"2_04.max"文件。

（2）在透视图中选择场景中的物体，选择菜单栏中的【工具】/【阵列】选项，在弹出的【阵列】对话框中设置参数如图2-19所示。

（3）单击【阵列】对话框中的 预览 按钮，可以在透视图中看到阵列的预览结果。

（4）单击 确定 按钮确定，关闭【阵列】对话框。激活透视图，单击视图导航控制区中的白色方块 按钮，使所有物体最大化显示。

（5）单击视图导航控制区中的 按钮（环绕子对象），透视图中出现一个黄色圆圈，将光标放入该黄色圆圈内，按住鼠标左键拖曳，可以旋转透视图，从多角度观察场景。观察完毕后单击右键取消该【环绕子对象】功能。

（6）单击窗口左上方的 按钮，在下拉列表中选择【另存为】命令，将场景另存为"2_04_ok.max"文件。此场景的线架文件以相同名字保存在教学资源包中的"范例\CH02"目录中。

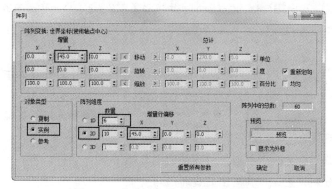

图 2-19　【阵列】对话框中的参数设置

2．旋转阵列复制

旋转阵列复制是对物体设置 3 个轴向上的旋转角度值，形成环形阵列效果。下面利用旋转阵列复制的方法来制作餐桌场景，效果如图 2-20 所示。

图 2-20　餐桌场景

 旋转阵列复制

（1）重新设定系统。单击窗口左上方快速访问工具栏中的 ⬚ 按钮，打开本书教学资源包中"范例\CH02"目录中的"2_05.max"文件。

（2）单击 ⬚ 按钮，在透视图中选择场景中的椅子物体，在主工具栏的 [视图 ▼]（参考坐标系）窗口中选择【拾取】选项，然后在透视图中的圆桌面上单击鼠标左键，拾取它所在的坐标系统为当前坐标系统，此时 [视图 ▼] 窗口中的名称变为"Donut01"。

> **要点提示**　如果在 ⬚ 状态下设置了新的坐标系统，则该坐标轴只针对当前旋转工具有效。如果转换为 ✥ 状态，参考坐标系窗口中的选项就会发生变化。因此在进行操作时，最好确认参考坐标系窗口中的名称为"Donut01"。

（3）在透视图中选择椅子物体，然后在工具栏中的 ⬚ 按钮上按住鼠标左键不放，在出现的按钮组中选择 ⬚ 按钮。注意一定要先选择椅子物体再转换坐标中心。

（4）选择菜单栏中的【工具】/【阵列】命令，在弹出的【阵列】对话框中设置参数，如图 2-21 所示，然后单击 [确定] 按钮，阵列结果如图 2-21 所示。

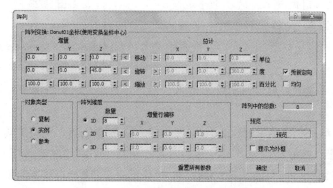

图 2-21　【阵列】对话框中的参数设置

（5）单击窗口左上方的按钮，在下拉列表中选择【另存为】命令，将场景另存为“2_05_ok.max”文件。此场景的线架文件以相同名字保存在教学资源包中的“范例\CH02”目录中。

【补充知识】

- （使用自身轴心）按钮：使用选择物体自身的轴心点作为变换的中心点。如果同时选择了多个物体，则针对各自的轴心点进行变换操作。
- （使用坐标系轴心）按钮：使用当前坐标系统的轴心作为所有选择物体的轴心。

【阵列】对话框中的选项含义如下。

- 【移动】：分别设置 3 个轴向上的移动的偏移值。
- 【旋转】：分别设置 3 个轴向上的旋转的角度值。
- 【1D】：设置一维阵列（线）产生的物体总数，可以理解为行数。
- 【2D】：设置二维阵列（面）产生的物体总数，可以理解为列数，右侧的【X】、【Y】、【Z】用来设置新的偏移值。
- 【3D】：设置三维阵列（体）产生的物体总数，可以理解为层数，右侧的【X】、【Y】、【Z】用来设置新的偏移值。
- 预览按钮：单击此按钮，可在不关闭【阵列】对话框的情况下在视图中预览阵列结果。

2.2.4 间隔复制

间隔工具可将物体在一条曲线或空间的两点间进行批量复制，并且整齐均匀地排列在路径上，特别是在不规则的曲线路径上排列物体时，此功能显得尤为方便。

下面就利用间隔工具制作路灯场景，效果如图 2-22 所示。

图 2-22 路灯场景

间隔复制

（1）重新设定系统。单击窗口左上方快速访问工具栏中的按钮，打开本书教学资源包中“范例\CH02”目录中的“2_06.max”文件。

（2）在顶视图中选择作为道路的曲线，单击按钮进入修改命令面板，在修改器堆栈中选择【Line】/【线段】选项，此时修改命令面板中出现了编辑样条线命令面板，其中【选择】/按钮自动被激活，选择前视图上方的 3 个路边线段子物体，位置如图 2-23 所示。可以框选，也可以按住键盘上的 Ctrl 键，然后在前视图中分别单击这 3 根线段。

（3）在命令面板的空白处按住鼠标左键向上拖曳，可以显示出下方隐藏的命令按钮，在【几何体】面板中的底部，找到分离按钮，勾选右侧的【复制】选项，再单击分离按钮。

（4）在弹出的【分离】对话框中使用其默认名，然后单击确定按钮，将线段从当前线型中分离出去。

（5）在修改器堆栈中，单击【Line】选项，回到【Line】层级。这样可以关闭子物体编辑状态。再单击【挤出】选项，回到修改器堆栈的顶层，使得这个二维线型物体还原成网格物体。

（6）单击主工具栏中的【按名选择】按钮，选择刚分离出来的曲线“图形 001”，单击确定按钮。

（7）单击 按钮，在顶视图中将其向上移动一段距离，效果如图 2-24 所示。

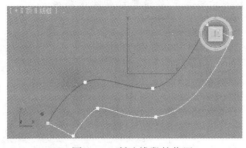
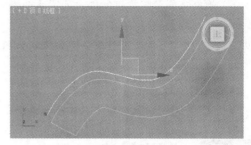

图 2-23　所选线段的位置　　　　　　　图 2-24　曲线移动后的位置

（8）在顶视图中选择路灯物体 "Light01"。确认【附加】工具栏已显示在辅助工具栏中（请参照第 1 章的相关步骤操作）。

（9）在【附加】工具栏中按住 按钮不放，会弹出一组隐藏按钮，拖曳鼠标到 按钮上，随后会弹出【间隔工具】对话框，单击 拾取路径 按钮，在顶视图中拾取分离出来的曲线。

（10）将【计数】值设为 "7"，其他选项设置如图 2-25 左图所示。

要点提示　在没有应用该功能之前，如果单击了【间隔工具】对话框之外的部分，那么刚复制出来的物体就没有了，再次单击【间隔工具】对话框，那些复制出来的物体又会出现，不需要重新输入参数。

（11）分别单击 应用 按钮和 关闭 按钮，关闭【间隔工具】对话框。

（12）确认原路灯物体为被选择状态，按键盘上的 Delete 键将其删除。

（13）在前视图中选择复制出来的路灯物体，将它们沿 y 轴向上移动一段距离，使其底部与直线平齐，位置如图 2-25 右图所示。

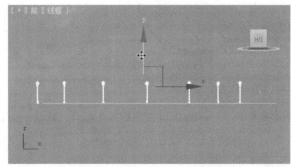

图 2-25　【间隔工具】对话框中的设置及路灯物体移动后的位置

（14）选择路径曲线，将其删除，完成间隔复制，效果参见图 2-22。

（15）单击窗口左上方的 按钮，在下拉列表中选择【另存为】命令，将场景另存为 "2_06_ok.max" 文件。此场景的线架文件以相同名字保存在教学资源包中的 "范例\CH02" 目录中。

【补充知识】

【间隔工具】对话框中的常用选项解释如下。

● 拾取路径 按钮：单击此按钮后，可以在视图中点取一条曲线作为路径，物体将沿着这条路径进行分配。

- <u>拾取点</u>按钮：单击此按钮后，在视图中定义路径的起点和终点，选取的物体将沿着这条路径进行分配。关闭【间隔工具】对话框后，系统自动删除该路径。
- 【计数】：分配物体的数目。
- 【间距】：按所设数值分配物体间的间距。
- 【边】：分配　按物体边　路径对　。
- 【中　】：分配　按物体中　路径对　。
- 【　　】：分配　物体　路径　　。

2.3　制作钟表

本节将结合前面所介绍的功能制作一个钟表物体，效果如图2-26所示。

图 2-26　钟表效果图

制作钟表

（1）重新设定系统。利用长方体旋转阵列出钟表上的刻度。

（2）利用圆环制作钟表的轮廓，然后利用圆锥体旋转复制出时针和分针。

（3）最后利用标准基本体制作钟表的其他部件，制作流程如图2-27所示。

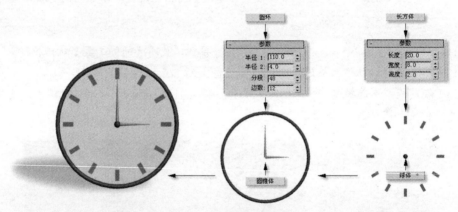

图 2-27　钟表的制作流程

（4）将该场景以"2_07.max"文件名保存起来。此场景的线架保存在教学资源包中的"范例\CH02"目录中。

2.4　对齐工具

在搭建许多精度要求较高的三维场景时，通常要求物体之间沿某一基准进行严格对齐，此时如果使用传统的移动工具将无法满足精度方面的要求。3ds Max 2012 提供了功能强大的对齐工具，可以沿任意轴向、任意边界进行多方位对齐。本节将具体介绍几种最常用的对齐方法。

在主工具栏中的按钮上按住鼠标左键不放，在出现的对齐按钮组中包含了常用的对齐工具按钮，如【快速对齐】按钮、【法线对齐】按钮等。

2.4.1 快速对齐

【快速对齐】工具主要用于两个物体的轴心点对齐，它是对齐工具
的简化版，对齐效果如图 2-28 所示。

🔑 **快速对齐**

（1）重新设定系统。单击窗口左上方快速访问工具栏中的 📁 按
钮，打开教学资源包中的"范例\CH02"目录中的"2_08.max"文件。

（2）在透视图中选择球体，按住主工具栏中的 🔘 按钮不放，在弹
出的按钮组中选择 🔘（快速对齐）按钮。

图 2-28 快速对齐效果

（3）在透视图中的圆环物体上单击鼠标左键，球体与圆环物体的轴心点会快速对齐，没有任
何参数面板出现，效果如图 2-28 所示。

2.4.2 多方位对齐

多方位对齐工具可以准确地将一个或多个物体对齐于另一物体的特定位置。这种方式比手工
移动要精确得多，该工具是非常有用的定位工具。

下面利用多方位对齐工具制作一个台阶场景，效果如图 2-29 所示。

🔑 **多方位对齐**

（1）重新设定系统。单击窗口左上方快速访问工具栏中的 📁 按钮，打开教学资源包中"范
例\ CH02"目录中的"2_09.max"文件。

（2）激活顶视图，选择台阶物体"Line01"，根据上例中介绍的方法激活 🔘 按钮，将鼠标光
标放在六边形平台物体"NGon01"上，此时鼠标光标形态如图 2-30 所示，单击鼠标左键。

图 2-29 台阶场景

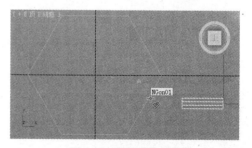

图 2-30 鼠标光标的形态

在使用对齐工具之前被选中的物体是原物体，该物体将在对齐操作中产生位移，激活
🔘 按钮后再选择的物体为目标物体，该物体只起到提供基准点的作用，不会产生位移。
如果一开始场景中没有任何物体被选择，则无法激活 🔘 按钮。

（3）在弹出的【对齐当前选择】对话框中确认当前勾选的是【当前对象】/【中心】和【目
标对象】/【中心】选项，全部【对其位置】下方的勾选【X 位置】、【Y 位置】和【Z 位置】选项，
如图 2-31 左图所示，然后单击 应用 按钮，两个物体呈中心对齐状态，如图 2-31 右图所示。

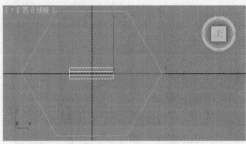

图 2-31　【对齐当前选择】对话框形态及对齐效果

 此时【对齐当前选择】对话框并不关闭，但各轴选项均恢复为默认状态。

（4）在【对齐当前选择】对话框中勾选【Y位置】选项、【当前对象】/【最大】选项和【目标对象】/【最小】选项。

（5）单击 确定 按钮，此时【对齐当前选择】对话框自动关闭。台阶的顶部对齐平台的底部，结果如图 2-29 所示。

（6）单击窗口左上方的 按钮，在下拉列表中选择【另存为】命令，将场景另存为"2_09_ok.max"文件。此场景的线架文件以相同名字保存在教学资源包中的"范例\CH02"目录中。

【补充知识】

（1）快速对齐与多方位对齐比较。上节所介绍的快速对齐工具实际上是多方位对齐工具的简化版，它只使用了多方位对齐中的三方向轴心点对齐，而多方位对齐的功能更为强大，用途更为广泛。这两个工具的区别见图 2-32。

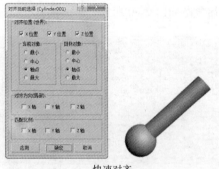

快速对齐　　　　　　　　　　　　　　　　多方位对齐

图 2-32　两种对齐工具的区别

（2）【对齐当前选择】对话框中常用的几个选项含义如下。

- 【对齐位置】：在其下的 3 个选项中选择对齐轴向，可以单向对齐，也可以多向对齐。
- 【当前对象】/【目标对象】：分别指定当前对象与目标对象的对齐位置。如果让 A 与 B 对齐，那么 A 为当前对象，B 为目标对象。
- 【最大】：以物体表面最远离另一物体选择点的方式进行对齐。
- 【最小】：以物体表面最靠近另一物体选择点的方式进行对齐。

- 【中心】：将物体中心点与另一物体的选择点进行对齐。
- 【轴点】：将对象的轴心点与另一对象的选择点进行对齐。

2.4.3　克隆并对齐

克隆并对齐工具可以在复制物体的同时，将其对齐到所拾取的目标物体上，这些目标物体可以是一个，也可是几个，可以是有序的，也可以是无序的。

下面利用克隆并对齐工具制作一个柱子场景，效果如图 2-33 所示。

图 2-33　柱子场景效果

⚷━━ 克隆并对齐

（1）重新设定系统。单击窗口左上方快速访问工具栏中的 ⬚ 按钮，打开教学资源包中的"范例\CH02\2_10.max"文件。

（2）在透视图中选择"柱础"物体，选择菜单栏中的【工具】/【对齐】/【克隆并对齐】命令，在弹出的【克隆并对齐】对话框中单击 拾取列表 按钮。

（3）在弹出的【拾取目标对象】窗口中，在第一个物体名称上按住鼠标左键向下拖曳，确认所有名称都被选中（或者单击该窗口中的 ⬚ 按钮全选所有物体），再单击 拾取 按钮，将其拾取。

（4）有时在【克隆并对齐】命令中调整了参数，但是在窗口中却显示不出来，而且 应用 又不可用，可以单击【绑定到目标】选项，无论该选项是否处于被勾选状态，单击一次后系统就会自动刷新场景。

（5）单击 应用 按钮，此时每个柱子底部都安置了一个柱础，效果如图 2-34 所示。

图 2-34　柱础安置效果

 3ds Max 中有很多功能都比较复杂，在使用过程中容易出现程序出错的现象，如果程序出错，在被迫自动退出之前，会出现一个保存备份文件的窗口，如果确认的话，会自动保存一个：主文件名+"_recover.max"的备份文件。再次启动 3ds Max 后，直接打开这个文件即可。

下面制作柱头。

（6）按相同方法再拾取场景中所有的柱子（注意不要选中刚才复制出来的那些柱础），进行克隆并对齐进行复制，此时场景中复制出的柱础与原柱础是重合在一起的。

（7）在【克隆并对齐】对话框中，修改【对齐参数】面板里【对齐位置（世界）】/【偏移（局部）】/【Z】值为"200"，使新复制出的柱础向上移动 200，作为柱头。然后单击 应用 按钮，效果如图 2-33 所示，参数面板如图 2-35 左图所示。

（8）删除场景中的原柱础物体。

> 在这个场景中，柱础与柱头的名称均为"柱础"，在制作小场景时并无大碍，但在制作大场景时就会出现名称混乱现象，不易管理，下面就为柱头物体进行批量改名。

（9）单击主工具栏中的 按钮，选择场景中的"柱础 16"～"柱础 30"物体。如果发现有超过 30 个柱础，说明刚才复制时多复制了，可以先选中多余柱础删除，再进行以下操作。

（10）选择菜单栏中的【工具】/【重命名对象】命令，在弹出的【重命名对象】对话框中将各选项修改成如图 2-35 右图所示的状态。

图 2-35　对话框形态

（11）单击 重命名 按钮，关闭【重命名对象】对话框。此时"柱础 16"～"柱础 30"物体就被重命名为"柱头 01"～"柱头 15"。可以单击 按钮查看结果。

（12）单击窗口左上方的 按钮，在下拉列表中选择【另存为】命令，将场景另存为"2_10_ok.max"文件。此场景的线架文件以相同名字保存在教学资源包中的"范例\CH02"目录中。

【补充知识】

【重命名对象】对话框中的选项含义如下。

- 【基础名称】：为选择的物体指定基本名称。
- 【前缀】：为所有重命名物体指定前缀名。
- 【后缀】：为所有重命名物体指定后缀名。
- 【编号】：勾选此选项可对所选物体进行增量命名，并自动追加序号。
- 【基础编号】：指定起始序号数字，例如序号为"2"时，则第一个物体的序号为"X02"，以此类推。
- 【步长】：指定两个基本序号之间的序号间隔。
- 重命名 按钮：单击此按钮，应用当前的重命名设置到选中的物体。

【克隆并对齐】对话框中的常用选项含义如下。

- 拾取 按钮：在视图中拾取要对齐的目标物体。
- 拾取列表 按钮：通过列表拾取要对齐的目标物体。
- 【对齐位置】栏：确定对齐轴，并通过其下的【偏移】值设置克隆对齐物体在 3 个轴向上的位移。
- 【对齐方向】栏：确定克隆物体的对齐方向，并通过其下的【偏移】值设置克隆对齐物体在 3 个轴向上的旋转角度。

2.4.4 法线对齐

法线是定义面或顶点指向方向的向量。法线的方向指示了面或顶点的正方向，如图 2-36 所示。法线对齐可以产生两个物体沿指定表面相切或相贴的效果，根据设置可以产生内切或外切，如图 2-37 所示。相切或相贴的物体同时可以进行位置的偏移以及法线轴上的角度旋转。

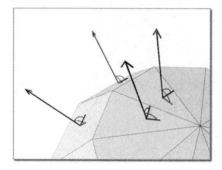

图 2-36 不同面的法线指向

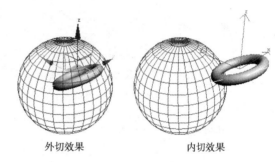

外切效果　　　　　　内切效果

图 2-37 法线对齐的外切及内切效果

下面就利用法线对齐工具制作雕塑场景中的射灯位置，效果如图 2-38 所示。

图 2-38 射灯位置

🔑 法线对齐

（1）重新设定系统。单击窗口左上方快速访问工具栏中的 按钮，打开本书教学资源包中"范例\CH02"目录中的"2_11.max"文件。

（2）在透视图中选择射灯物体，利用快捷键 Ctrl + V ，将其在原地以【实例】方式克隆 1 个。

（3）单击 按钮组中的 按钮，将鼠标光标放在射灯顶部的平面上，位置如图 2-39 左图所示，单击鼠标左键，在射灯平面上出现一条蓝色法线标记，如图 2-39 中图所示，然后在一个射灯座的平面上单击鼠标左键，拾取其法线，位置如图 2-39 右图所示。

图 2-39　分别拾取射灯和射灯座的法线

（4）在弹出的【法线对齐】对话框中可以微调【位置偏移】值，使得射灯能更好地对齐射灯座的中心位置，尽量不要调节 z 轴，因为两个物体的表面已经准确贴合了。

（5）单击 确定 按钮，确定最终的对齐效果，【法线对齐】对话框形态如图 2-40 左图所示，此时射灯就贴到了射灯座的顶面，效果如图 2-40 右图所示。

图 2-40　【法线对齐】对话框形态及法线对齐后的结果

（6）利用相同方法为其他射灯座安上射灯，效果如图 2-38 所示。

（7）单击窗口左上方的 按钮，在下拉列表中选择【另存为】命令，将场景另存为"2_11_ok.max"文件。此场景的线架文件以相同名字保存在教学资源包中的"范例\CH02"目录中。

【补充知识】

【法线对齐】对话框中各选项含义如下。

- 【位置偏移】：设置物体对齐后沿各轴向偏移的距离，距离值由切点处计算。
- 【角度】：设置物体沿切线轴方向旋转的角度。
- 【翻转法线】：将物体在法线方向上翻转镜像，变为内切方式。

2.5　ViewCube 视图导航控制

ViewCube 导航控件提供了视图当前方向的提示和控制功能，可以用来调整视图方向以及在标准视图与正交视图之间自由切换。ViewCube 默认情况下会显示在活动视图的右上角；如果处于非活动状态，则会叠加在场景之上。它不会显示在摄影机、灯光、图形视图或者其他类型的视图中。当 ViewCube 处于非活动状态时，其主要功能是根据模型的北向显示场景方向。图标的启动和隐藏快捷键是 Alt+Ctrl+V，如图 2-41 所示。

将光标置于 ViewCube 图标上方时，它将变成活动状态。使用鼠标左键，可以切换到一种可用的预设视图中、旋转当前视图或者更换到模型的"主栅格"视图中。右键单击可以打开具有其他选项的上下文菜单。

图 2-41　ViewCube 导航控件图标形态

视图导航控制

（1）继续上一场景。或者单击窗口左上方快速访问工具栏中的 按钮，打开本书教学资源包中 "范例\CH02" 目录中的 "2_11_ok.max" 文件。

（2）激活透视图，在视图控制区中单击 按钮，使得透视图最大化显示，从而独占 4 个视图的范围。

（3）将光标置于透视图的 ViewCube 图标上，该图标变成了亮白色。在白色图标范围内，单击右键，在出现的快捷菜单中选择【将当前视图设置为"主栅格"】命令。这样的作用是将当前透视图的视角标记为"主栅格"，之后如果该视图的视角被调乱了，只需要在这个快捷菜单中选择【主栅格】即可恢复成当前视角。

（4）为了能看清 ViewCube 图标上的文字和按钮，可以将这个图标放大显示。在该图标的白色区域单击右键，在快捷菜单中选择【配置】命令，找到【ViewCube 大小】选项，将之后的参数设置成【大】。参数位置如图 2-42 所示。

图 2-42　ViewCube 大小

（5）单击 应用 按钮，然后单击 确定 按钮，视图中的图标会变大很多，首先单击图标中的【前】字区域，视图会自动调整成从物体的正前方向后看的透视效果，这个与正交视图中的前视图显示效果是不同的。效果对比如图 2-43 所示。右图的正交视图是没有透视效果的，是与平面制图的绘图法则一致的，而左图的透视图则与摄影摄像技术相似，可以提供不同镜头下的透视效果。这种切换可以通过 ViewCube 快捷菜单中的【正交】和【透视】两个命令来实现转换。

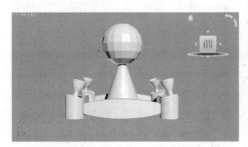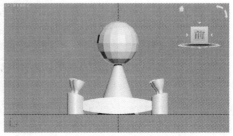

图 2-43　从"前"看的透视图效果与正交的前视图效果对比

（6）将光标放到 ViewCube 图标上，可以看到在正方向区域的正上方有个向下的小三角型，单击该三角形，视图会自动旋转，变成正上方视角。效果如图 2-44 所示。通过这个视角，可以清楚地看到 ViewCube 图标圆形区域有东、西、南、北 4 个字，其实与方形图标上的前、后、左、右 4 个面是相互对应的，大家可以自己单击这些图标位置来试验一下。

图 2-44　转入正上方视角效果

（7）无论刚才将透视图调整成何种角度了，只需要在 ViewCube 图标的白色区域单击右键，在快捷菜单中单击【主栅格】命令，透视图就会恢复成最初保存的视角。

（8）最后，将 ViewCube 图标的大小重新设置成【小】。然后再单击视图控制区中的按钮，恢复 4 视图显示状态。

【补充知识】

快捷菜单中的各选项含义如下。

- 【主栅格】：还原与模型一起保存的"主栅格"视图。
- 【正交】：将当前视图切换到正交投影。
- 【透视】：将当前视图切换到透视投影。
- 【将当前视图设置为"主栅格"】：根据当前视图定义模型的"主栅格"视图。
- 【将当前视图设置为"前"】：根据当前视图定义模型的"前"视图。
- 【重置"前"】：将场景的"前"视图重置为其默认的方向。
- 【配置】：打开"视口配置"对话框的"ViewCube"面板，可以在其中调整 ViewCube 的外观和行为。

2.6　建筑物组合建模

本节将利用前面所介绍的内容，创建一个高层建筑物，效果如图 2-45 所示。

图 2-45　高层建筑效果图

建筑物组合建模

（1）重新设定系统。利用标准基本体和扩展基本体制作阳台和窗户，制作流程如图 2-46 所示。

图 2-46 利用基本体制作阳台和窗户

（2）先创建标准层的一部分，然后再复制出另一部分，制作流程如图 2-47 所示。

图 2-47 制作标准层

（3）利用移动复制功能复制生成其他标准层。

（4）利用环形结和圆环制作标志，并利用长方体制作出楼顶，制作流程如图 2-48 所示。

图 2-48 制作楼顶

（5）将该场景以"2_12.max"文件名保存起来。此场景的线架保存在教学资源包中的"范例\CH02"目录中。

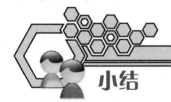

小结

本章以标准基本体和扩展基本体为例，介绍了 3 种常用的创建方法。

（1）鼠标拖曳创建法常用于搭建精度要求不高的场景，它的优点是创建过程直观，创建位置灵活；缺点是定位不准确，多数情况下都要重新调节尺寸。

（2）键盘输入创建法则可以解决以上缺点，并能直接创建出方位与尺寸都很精确的三维物体，但操作相对复杂。

（3）3D 捕捉创建法融合了以上两种方法的优点，是实际工作中常用的创建方法。

在创建大量相同结构的场景中，复制工具是非常实用的，在使用时应针对不同的要求选择最合理的复制工具，例如创建对称结构时，应选用镜像复制；创建大量平行结构时，应选用阵列复制。

在使用对齐工具和复制工具时都应注意轴向的选择和控制。默认状态下在各视图中进行的操作都是使用视图坐标系统。

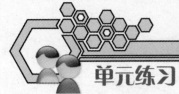

单元练习

一、填空题

1. _____功能可以自动定义基准网格，允许以任意网格物体的某个表面作为基准，以垂直于该面的法线为 z 轴，来创建别的物体。

2. 修改物体颜色时最好不要选用白色与黑色，因为系统默认_____为当前被选择物体的颜色，_____为被冻结物体的颜色。

3. 在【键盘输入】面板里面，除了包含各物体的基本参数外，还有 3 个_____参数，通过它们可以设置该物体的轴点所在位置。

4. 克隆复制功能是对选择的物体进行_____复制，复制的新物体与原物体_____，通常利用克隆复制功能制作_____物体。

二、选择题

1. 在镜像物体时，镜像轴是根据_____的屏幕坐标系而定的。

　　A．用户视图　　　　B．透视图　　　　　　C．当前激活视图

2. 如果在 状态下设置了新的坐标系统，在改变操作状态时，如转换为 状态，参考坐标系窗口中的选项_____。

　　A．就会发生变化　　B．没有变化

3. _____工具可以在复制物体的同时，将其对齐到所拾取的目标物体上。

　　A．快速对齐　　　B．多方位对齐　　　C．法线对齐　　　D．克隆并对齐

三、问答题

1. 简述【自动栅格】功能的作用和使用方法。

2. 【复制】、【实例】和【参考】方式的区别是什么？

3. 快速对齐与多方位对齐的关系是什么？

四、操作题

1. 利用本章所介绍的功能，制作如图 2-49 所示的楼梯场景。此场景的线架文件以"Lx02_01.max"名字保存在教学资源包的"习题场景"目录中。

2. 用本章所介绍的功能，制作如图 2-50 所示的走廊场景。此场景的线架文件以"Lx02_02.max"名字保存在教学资源包的"习题场景"目录中。

图 2-49　楼梯造型

图 2-50　走廊场景

第3章

建筑构件

3ds Max 2012 专门为用户提供了面向建筑工程设计行业的建模工具，如门、窗、墙、楼梯等，使得设计创意可以在 3ds Max 2012 中更容易地用三维方式表现出来。这些建筑构件都有完备的参数，可以精确地调整各部分的尺寸，十分适用于建筑设计领域。而且这些构件还有一些智能化功能，如在墙体上安装门窗时，系统会自动在墙体上抠出门窗洞，而且位置会随着门窗的移动而自动变化。

3.1 单体构件的应用

在建筑设计中最常见的就是墙体，它是用来分隔空间的重要构件，也是其他构件用来定位的基准。有了墙体就需要门窗，沿地面上升的空间就需要栏杆围护，这些都是最基本的建筑设计要素。本节将逐个介绍这些建筑构件的创建方法及相关参数调节。

3.1.1 墙

3ds Max 2012 的【墙】功能可方便快捷地创建墙，不再需要用方体一块一块地拼接，更方便的是在 3ds Max 2012 中还可以导入 AutoCAD 平面图，然后沿平面图绘制的布局生成墙体。下面就利用现有的平面图来创建一段墙体。

🔑 创建墙

（1）重新设定系统。单击窗口左上方的 按钮，在下拉列表中选择【导入】命令，打开【选择要导入的文件】对话框，打开教学资源包中的 "范例\CH03\平面图.dwg" 文件，单击 打开(O) 按钮。

（2）在弹出的【AutoCAD DWG/DXF 导入选项】对话框中，勾选【重缩放】选项，再将【传入的文件单位】选项设为 "英寸"，参数如图 3-1 左图所示。单击 确定 按钮，将平面图导入 3ds Max 2012 场景中，为了显示得更清楚，可适当修改线条的颜色，结果如图 3-1 右图所示。

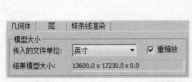
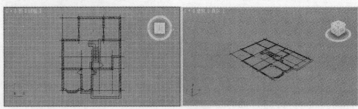

图 3-1 平面图文件导入到 3ds Max 场景中的结果

（3）单击 3m 按钮激活三维捕捉功能，再用鼠标右键单击 3m 按钮打开【栅格和捕捉】对话框，取消所有勾选，然后勾选【顶点】捕捉方式。如果辅助工具栏中已经开启了【捕捉】工具栏，也可以先关闭已经点亮的按钮，然后再激活 3m 按钮（捕捉到顶点切换）。

（4）单击 ✱ / ◯ / 标准基本体 下拉列表，选择其中的 AEC 扩展 选项，单击【对象类型】面板中的 _____墙_____ 按钮，在【参数】面板中设置各项参数，如图 3-2 左图所示，然后在顶视图中捕捉顶点绘制一段墙体，效果如图 3-2 中图所示。可以将顶视图最大化显示，然后沿着平面图中墙体的外沿单击墙体拐弯处的交点，系统会自动捕捉这里的顶点，依次单击这些顶点进行绘制，绘制过程中会出现如图 3-2 右图所示的【是否要焊接点】对话框，单击 否(N) 按钮即可，也可以配合键盘上的 N 键取消该对话框。直到最后确定要闭合该墙体时再单击 是(Y) 按钮。

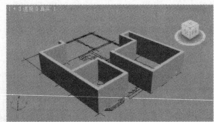
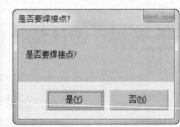

图 3-2 【参数】面板中的设置及墙体效果

（5）选择一个墙体，单击 ☑ 按钮进入修改命令面板，单击【编辑对象】面板中的 附加 按钮，然后单击另一个墙体，将其附加到当前选择的墙体中，使两个墙体成为一体。

（6）在修改器堆栈窗口中选择【Wall】/【分段】子物体，在【编辑分段】面板中单击 插入 按钮，在顶视图中插入几段墙体，位置及插入顺序如图 3-3 所示，插入结果如图 3-4 所示。

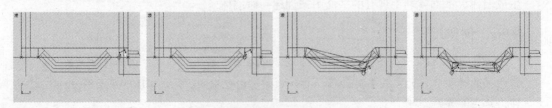

图 3-3 插入墙体的位置及插入顺序

（7）单击鼠标右键，取消 插入 功能。在修改器堆栈窗口中回到【Wall】层级。

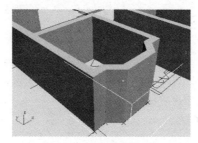

图 3-4 插入墙后的效果

（8）单击窗口左上方快速访问工具栏中的![按钮，将此场景保存为"3_01.max"文件。

【补充知识】

在修改器堆栈窗口中选择墙体的不同子对象层级，修改命令面板中会出现不同的参数面板，各层级参数面板形态如图 3-5 所示。

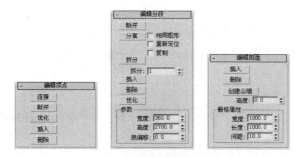

图 3-5 各层级修改面板形态

（1）【编辑顶点】参数面板。单击【顶点】子对象层级，该子对象层变为亮黄色。本层主要是针对节点编辑的。

- 连接：在开放式的墙中，任意选择一个点，将其连接到另一个点上后，在这两个点之间就会生成一面新墙。效果如图 3-6 左图所示。
- 断开：选择墙拐角处相连的交点，单击此按钮可在交点处将墙体打断，生成两面墙。效果如图 3-6 右图所示。

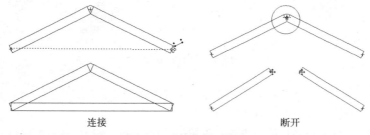

连接　　　　　　　　　　断开

图 3-6 连接与断开效果

- 优化：单击此按钮，在墙线的任意处单击鼠标左键，会在该处添加一个节点，并将这面墙分为两段，调节该节点可以随意改变这两面墙的夹角。效果如图 3-7 左图所示。
- 插入：单击此按钮，先在墙线的任意处单击鼠标左键，然后移动鼠标光标，通过不断地单击，可在原墙体上插入多段新墙。单击鼠标右键，可结束插入操作。效果如图 3-7 右图所示。

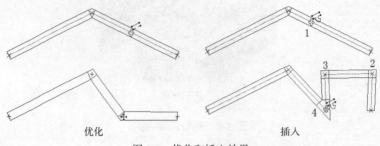

优化   插入

图 3-7   优化和插入效果

（2）【编辑分段】参数面板。单击【分段】子对象层级，该子对象层变为亮黄色。本层主要是针对墙体分段编辑的。

- 分离 ：分离选择的墙线段，并利用它们创建一个新的墙对象。有以下 3 种分离方式。

  【相同图形】：分离所选择的墙线段，使其成为一个独立的墙个体，但仍保持为墙物体的一部分。如果配合【复制】选项，则会在原墙线段上产生一个相同的复制品。

  【重新定位】：将分离出来的墙线段作为新的墙物体，继承原线段的自身坐标系统，并使其保持与世界坐标系统一致。

  【复制】：复制分离墙线段。

- 拆分 ：其下有拆分值可以设置插入点的个数，插入点的个数等于该段墙体的分段数减 1。如：拆分值为 1，则墙体被分为两段。

（3）【编辑剖面】参数面板。单击【剖面】子对象层级，该子对象层变为亮黄色显示。本层主要是针对墙体的顶边进行编辑。通过此面板可做出带有复杂山墙结构的墙体，形态如图 3-8 所示。

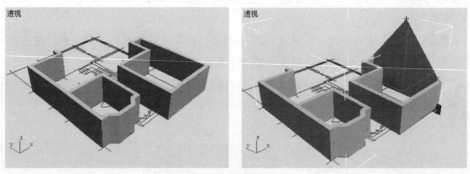

图 3-8   山墙的形态

- 插入 ：在山墙上加点，以便修改山墙的上轮廓线形态。
- 删除 ：删除山墙上的插入点。
- 创建山墙 ：首先选择要做山墙的一段墙体，系统自动激活一个虚拟栅格，设置其下高度值后单击该按钮，选定墙体即生成山墙。

3.1.2   栏杆

该功能专门用于创建栏杆物体，而且针对栏杆的不同部位有详细的分类参数，可创建出直线、曲线和斜线等各种走向的独立栏杆组。

创建栏杆

（1）重新设定系统。单击 ❋ / ◯ 按钮，在 标准基本体 ▾ 下拉列表中选择 AEC 扩展 ▾ 选项。

（2）单击【对象类型】面板中的 栏杆 按钮。

（3）在透视图中按住鼠标左键拖出【栏杆】的长度，松开鼠标左键，在合适的位置单击生成栏杆的高度，创建完毕，效果如图 3-9 所示。

栏杆的另一种创建方法是沿一条曲线路径生成一组栏杆，例如在一个旋转楼梯上创建旋转的栏杆，这种方法将在 3.2.2 节中进行详细介绍。

【补充知识】

创建好【栏杆】后，进入修改命令面板，会出现【栏杆】、【立柱】和【栅栏】参数面板，可分别对栏杆上的这 3 个部分进行调节，各部分的划分如图 3-10 所示。下面就解释这 3 个面板中的常用参数含义。

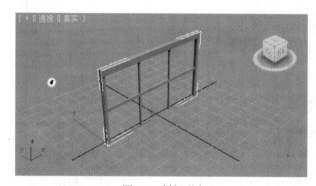
图 3-9 栏杆形态

图 3-10 栏杆的参数示意图

（1）【栏杆】参数面板：用于调节顶部围栏和底部围栏的尺寸，其参数面板形态如图 3-11 所示。

- 拾取栏杆路径 按钮：拾取生成栏杆的路径。
- 【匹配拐角】：沿路径生成栏杆时，使栏杆匹配路径的拐角，产生带拐角的栏杆，形态如图 3-12 所示。

图 3-11 【栏杆】面板

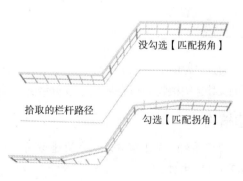
图 3-12 勾选【匹配拐角】前后的形态比较

- 【上围栏】部分。

  【剖面】：设置上围栏的剖面形状，其中包括【(无)】、【圆形】和【方形】。

  【深度】、【宽度】、【高度】：分别设置顶部栏杆的深度、宽度和高度的值。

- 【下围栏】部分。

  【深度】、【宽度】：设置底部栏杆的深度和宽度。

  ┉按钮：单击此按钮，可弹出【下围栏间距】对话框，在这里可设置底部围栏的数量。

（2）【立柱】参数面板：设置立柱的外形轮廓、深度和宽度，参数面板形态如图 3-13 所示。

- 【延长】：设置立柱在上围栏底部的延长高度。可参见图 3-14 中的栅栏【延长】位置图示。

（3）【栅栏】参数面板：设置栅栏的外形轮廓、深度和宽度以及栏板的厚度等，参数面板的形态如图 3-15 所示。

- 【类型】：用来设置栅栏的类型，包括【(无)】、【支柱】和【实体填充】。

- 【支柱】部分。

  【延长】：设置栅栏在上围栏底部的延长高度。

  【底部偏移】：设置栅栏底部与地面的偏移高度。

  栏杆各位置可参见图 3-14。

- 【实体填充】部分。

  【厚度】：设置实体填充板的厚度。

  【顶部偏移】、【底部偏移】、【左偏移】、【右偏移】：设置实体填充与四周物体的间距。

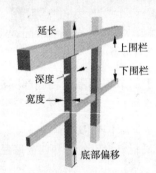

图 3-13　【立柱】面板形态　　　图 3-14　栏杆的各部分划分位置　　　图 3-15　【栅栏】参数面板形态

3.1.3　植物

3ds Max 2012 中提供了很多植物对象，可以快速制作各种不同种类的植物，包括松树、柳树和盆栽等。可以对这些植物的形态随意地进行修剪，使同一树种有不同的造型。

☞ 创建植物

（1）重新设定系统。单击窗口左上方快速访问工具栏中的▣按钮，打开教学资源包中的"范例\ CH03\3_02.max"文件。

（2）单击 ⚙ / ◯ 按钮，在 标准基本体 ▾ 下拉列表中选择 AEC 扩展 ▾ 选项。单击其下的 植物 按钮，在【收藏的植物】面板中找到【苏格兰松树】。

（3）在顶视图花坛中央单击鼠标左键，一棵松树就建成了，将【参数】/【高度】值设为"300"，松树在透视图的效果如图 3-16 左图所示。

（4）单击鼠标右键，取消植物的创建状态。在非选择状态下，松树会以简单的树冠轮廓方式来显示，形态如图 3-16 右图所示。

要点提示　由于植物的造型比较复杂，所以其网格数较多。如果计算机的内存过小，在操作多个植物对象时就会产生系统反应滞后的现象。针对这个问题系统采用了非激活植物对象简化显示模式，当一个植物对象处于非选择状态时，系统只将其显示为半透明的植物树冠形态。有时这种自动转换会显得不及时，这时可以在单击程序窗口最下方状态栏中的 按钮，以关闭渐进式显示。

（5）在【收藏的植物】面板中找到【芳香蒜】植物，在顶视图中的花坛里单击鼠标左键，创建此植物，设置其【高度】值为"50"。

（6）在顶视图中将【芳香蒜】植物移动并复制两个，然后在修改命令面板中的【参数】面板里，单击【种子】左侧的 新建 按钮，变换随机种子数，使 3 棵芳香蒜植物呈现出不同的形态，效果如图 3-17 所示。

图 3-16　植物在选择的非选择下的显示形态　　　　图 3-17　创建的植物效果

（7）单击窗口左上方的 按钮，在下拉列表中选择【另存为】命令，将此场景保存为"3_02_ok.max"文件。此场景的线架文件以相同名字保存在教学资源包中的"范例\CH03"目录中。

【补充知识】

植物的【参数】面板形态如图 3-18 所示。下面解释一下几个常用参数的含义。

- 【高度】：设置植物的高度。
- 【密度】：控制植物树叶或花朵的密度。值为"0"时，没有树叶。值为"0.5"时，植物增加一半的树叶。值为"1"时，显示所有的树叶，效果如图 3-19 所示。
- 【修剪】：针对植物的枝叶进行修剪。值为"0"时，树枝为最大长度。值为"1"时，植物无树枝。图 3-20 所示为该值分别为"0"和"0.6"时的植物形态。
- 【显示】栏：控制植物体各部分的取舍，勾选则显示该部分。
- 【视口树冠模式】栏：控制视图的简化显示方式的适用情况。如果运行速度慢，可以选择【始终】选项，这样无论在选择或非选择情况下都会只显示树冠模式。

图 3-18　【植物】参数面板

| 【密度】：0 | 【密度】：0.5 | 【密度】：1 | | 【修剪】：0 | 【修剪】：0.6 |

图 3-19　不同密度植物的形态　　　　　　　图 3-20　不同【修剪】值的效果比较

3.2　多构件的组合应用

使用 3ds Max 2012 提供的这些建筑构件进行建筑场景建模时，其优势主要体现在各建筑构件之间的结合使用，例如在墙体上安装门窗时，只需要在墙体上进行简单的链接，即可自动产生相匹配的门窗洞。为了方便在楼梯上创建栏杆，楼梯物体专门提供了栏杆路径，并有很多参数可供调节。本节将着重介绍综合使用这些建筑构件的技巧和方法。

3.2.1　门、窗与墙的结合

在墙体上安装门窗，是在建筑建模中最常用的工作之一，若想使墙体自动产生匹配的门窗洞，在创建门窗时可使用两种方法：一种是打开三维【边/线段】捕捉方式，然后捕捉墙体某个边进行创建；另一种是直接创建门窗物体，然后将其移动至墙体的正确位置上，并确保嵌入墙体中，再利用按钮与墙体进行链接。后面的方法更易于操作，所以本节将主要介绍这种方法。

下面就在 3.1.1 节中完成的墙体上创建门窗，效果如图 3-21 所示。

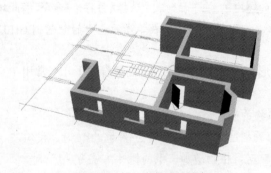

图 3-21　门、窗与墙的结合

🔑　门、窗与墙的结合

（1）重新设定系统。单击窗口左上方快速访问工具栏中的按钮，打开教学资源包中的"范例\CH03\3_01.max"文件。

（2）选择墙体，在墙体上单击鼠标右键，在出现的快捷菜单中选择【隐藏选定对象】命令，将其隐藏起来。

（3）单击 ⚬/◯ 按钮，在 标准基本体 下拉列表中选择 门 选项，单击【对象类型】面板中的 枢轴门 按钮，在顶视图中左侧房间的房门位置创建一扇枢轴门，参数设置如图 3-22 左图所示，完成后注意将其位置调整到墙的中间位置，效果如图 3-22 右图所示。注意，可以配合 ³ 三维捕捉中的顶点捕捉功能，先创建大致形状，再调节参数。

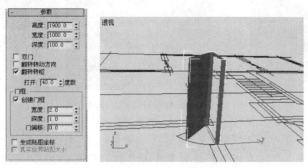

图 3-22　枢轴门的参数设置及位置

（4）在 门 下拉列表中选择 窗 选项，并单击其下的 推拉窗 按钮，在顶视图中左侧墙体的窗户位置上创建一个推拉窗，参数设置如图 3-23 左图所示。

（5）单击 ✛ 按钮，在左视图中将其沿 y 轴向上移动 "1200"，结果如图 3-23 右图所示。

要点提示　移动推拉窗时可将底部状态栏中的 ▣ 按钮转换为 ⁺ 按钮，然后在 y 轴右侧的文本框内输入移动距离，进行精确移动。

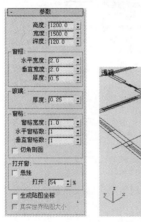 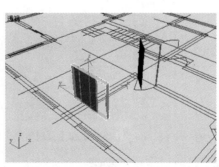

图 3-23　推拉窗的参数设置及位置

（6）在顶视图中将推拉窗沿 y 轴向上以【实例】方式复制几个，注意位置要对齐平面图中左侧墙体的窗户位置，结果如图 3-24 所示。

（7）在前视图中框选三扇窗和一扇门，在前视图中单击右键，选择【全部取消隐藏】命令，将隐藏的墙体显示出来。此时门和窗都是被选择状态，为了保持这种选择状态，单击 3ds Max 2012 窗口底部状态栏中的 🔒 按钮，锁定被选状态。单击主工具栏中的 按钮，在任意视图中按住鼠标左键拖曳，

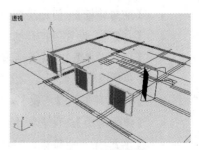

图 3-24　复制窗的结果

然后在墙物体上放开鼠标左键，这样就将其链接到墙体上了，此时门窗物体和墙体会自动进行抠洞处理，操作过程和效果如图3-25所示。

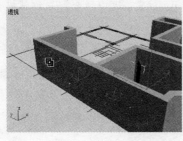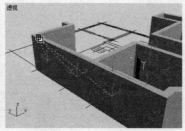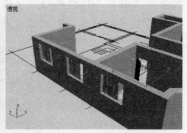

图3-25　门窗与墙的链接过程及结果

（8）单击窗口左上方的 按钮，在下拉列表中选择【另存为】命令，将此场景保存为"3_03.max"文件。场景的线架文件以相同名字保存在教学资源包的"范例\CH03"目录中。

【补充知识】

下面以枢轴门为例，介绍门、窗参数面板中的常用参数。

创建完毕后，进入其修改命令面板后，包括【参数】和【页扇参数】两个面板，如图3-26所示。

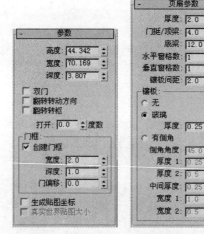

图3-26　【参数】和【页扇参数】面板形态

（1）【参数】面板：设置门的基本参数。

- 【翻转转动方向】：勾选此选项，将门向外开。
- 【翻转转枢】：门轴反向放置，门沿另一侧打开。
- 【打开】：设置门打开的程度。
- 【创建门框】：确定是否建立门框。

（2）【页扇参数】面板：设置门扉的基本参数。

- 【门挺/顶梁】、【底梁】：设置镶板四周边的宽度。
- 【镶板间距】：设置窗格之间的间隔宽度。
- 【无】：不产生镶板或玻璃，只有一张光板。
- 【玻璃】：产生玻璃格板，其下【厚度】值设置玻璃的厚度。

- 【有倒角】: 产生有倒角的窗格。
- 【倒角角度】: 指定窗格的倒角角度。
- 【厚度 1】: 设置压条外部的镶板厚度。
- 【厚度 2】: 设置倒角压条自身的厚度。
- 【中间厚度】: 设置压条内部镶板的厚度。
- 【宽度 1】: 设置压条外部的镶板宽度。
- 【宽度 2】: 设置压条自身的宽度。

【门】的零部件参数示意图如图 3-27 和图 3-28 所示。

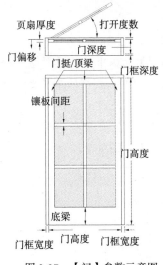

图 3-27　【门】参数示意图

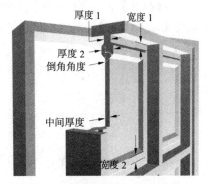

图 3-28　【镶板】剖面示意图示

3.2.2　楼梯与栏杆的结合

在 3ds Max 2012 中, 楼梯被分为直线楼梯、L 形楼梯、U 型楼梯和螺旋楼梯 4 种, 它们是在 █ 创建命令面板中通过选择 标准基本体 ▼ 下拉列表中的 楼梯 ▼ 选项来实现的, 每一种又分为【开放式】、【封闭式】、【落地式】3 大类型, 但这些楼梯的参数基本相同, 仔细研究其中一种即可触类旁通。

下面就以 U 型楼梯为例, 介绍其创建方法及楼梯与栏杆的结合方法, 效果如图 3-29 所示。

🔑　楼梯与栏杆的结合

（1）重新设定系统。单击 █ / ◎ / 标准基本体 ▼ 下拉列表, 选择 楼梯 ▼ 选项, 再单击其下的 U 型楼梯 按钮, 在透视图中创建一个 U 型楼梯, 其参数设置如图 3-30 所示。

图 3-29　楼梯与栏杆的结合效果

 在【栏杆】面板内将【高度】值设为 "0", 目的是使栏杆路径落在侧弦上。

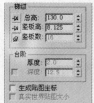

图 3-30　U 型楼梯各面板中的参数设置

（2）在 楼梯▾ 下拉列表中选择 AEC 扩展▾ 选项，单击【对象类型】面板中的 栏杆 按钮。

（3）单击【栏杆】/ 拾取栏杆路径 按钮，将鼠标光标放在透视图中栏杆的路径上，单击鼠标左键拾取线段，此时在透视图中出现栏杆的形态，形态如图 3-31 左图所示。

（4）单击 按钮进入修改命令面板，在【栏杆】面板中将【分段】值设为"30"，增加栏杆的段数，使其变得平滑，并勾选【匹配拐角】选项，结果如图 3-31 右图所示。

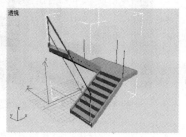

图 3-31　栏杆的位置及形态

（5）在【栏杆】面板中选择【上围栏】/【剖面】为"圆形"，【下围栏】/【剖面】为"圆形"。

（6）展开【立柱】面板，设置【剖面】选项为"圆形"。

（7）单击 按钮，打开【立柱间距】对话框，将【计数】值设为"6"，位置如图 3-32 左图所示，单击 关闭 按钮，此时栏杆形态如图 3-32 右图所示。

（8）展开【栅栏】面板，选择【支柱】/【剖面】为"圆形"，单击【支柱】栏内的 按钮，打开【支柱间距】对话框，将【计数】值设为"3"，单击 关闭 按钮，此时栏杆形态如图 3-33 所示。

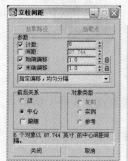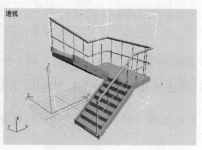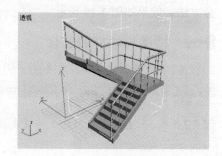

图 3-32　【立柱间距】对话框及栏杆形态　　　　　　图 3-33　栏杆形态

（9）单击创建命令面板中的 <u>栏杆</u> 按钮，利用相同的方法拾取另一侧的栏杆路径，系统会根据上次调好的参数直接生成栏杆，不用再进行参数设置，效果参见图 3-29。

（10）单击窗口左上方快速访问工具栏中的 按钮，将场景保存为"3_04.max"文件。场景的线架文件以相同名字保存在教学资源包中的"范例\CH03"目录中。

【补充知识】

U 型楼梯创建完成进入修改命令面板后，会出现 4 个参数面板，这几个面板是其他几种楼梯共有的。下面就以 U 型楼梯的参数面板为例，详细介绍各参数的用途。

（1）【参数】面板：用来调节楼梯基本参数，如图 3-34 所示。

- 【类型】部分。

  【开放式】：创建敞开式楼梯，如图 3-35 左图所示。

  【封闭式】：创建闭合式楼梯，如图 3-35 中图所示。

  【落地式】：创建带有闭合式梯级立板及闭合台阶形式的楼梯，如图 3-35 右图所示。

图 3-34 螺旋楼梯【参数】面板　　　　图 3-35 各种 U 型楼梯形态

- 【生成几何体】部分。

  【侧弦】：沿着楼梯台阶底部创建侧弦，参数可在【侧弦】面板中调整。

  【支撑梁】：在台阶底部产生一个倾斜弯曲的托架，参数在【支撑梁】参数面板中。

  【扶手】：勾选右侧选项，可创建左右两侧的栏杆扶手。

  【扶手路径】：勾选右侧选项，可以设置左右两侧的扶手路径。

- 【布局】部分。

  【左】/【右】：控制两段楼梯彼此相对的位置（长度 1 和长度 2）。如果选择【左】，那么第 2 段楼梯将位于平台的左侧。如果选择【右】，那么第 2 段楼梯将位于平台的右侧。

  【宽度】：控制楼梯的宽度，包括台阶和平台。

  【偏移】：控制分隔两段楼梯的距离和平台的长度。

- 【梯级】部分。

  【总高】：控制楼梯的总高度。

  【竖板高】：控制梯级竖板的高度。

  【竖板数】：控制梯级竖板数，梯级竖板总是比台阶多一个。

（2）【支撑梁】面板：如图 3-36 所示，只有勾选【参数】/【生成几何体】/【支撑梁】选项，此面板中的各项参数才可以调节。

- 【深度】：设置支撑梁离地面的深度。
- 【宽度】：设置支撑梁的宽度。
- ∷∷（支撑梁间距）按钮：设置支撑梁的间距和数量，单击该按钮，会弹出【支撑梁间距】对话框，通过调节【计数】值可以设置支撑梁个数。
- 【从地面开始】：勾选此选项，支撑梁底部陷入地面；取消勾选，则跳出地面，效果与【侧弦】面板中的相同参数相同。

（3）【栏杆】面板：只有勾选【参数】/【生成几何体】/【扶手】或【扶手路径】选项，此面板中的各项参数才可以调节，面板形态如图 3-37 所示。

图 3-36　【支撑梁】面板形态　　　　图 3-37　【栏杆】面板形态

- 【高度】：设置栏杆离台阶的高度。
- 【偏移】：设置栏杆离台阶端点的偏移值。
- 【分段】：设置栏杆中的分段数目。值越高，栏杆显示得越平滑。
- 【半径】：设置栏杆的厚度。

（4）【侧弦】面板。只有勾选【参数】/【生成几何体】/【侧弦】选项，此面板中的各项参数才可以调节，面板形态如图 3-38 所示。

- 【深度】：设置侧弦向下延伸的范围。
- 【偏移】：设置侧弦与地面的垂直距离。
- 【从地面开始】：勾选此选项，侧弦底部陷入地面，取消勾选，则跳出地面，效果如图 3-39 所示。适当增加【深度】值后，才能看到效果。

 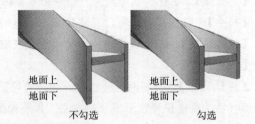

图 3-38　【侧弦】面板形态　　　　图 3-39　勾选【从地面开始】前后的效果比较

3.3　室内建筑物场景建模

下面结合本章所介绍的内容，利用建筑构件，搭建一个室内建筑物场景，最终效果如图 3-40 所示。室内建筑物场景的制作流程如图 3-41 所示。此场景的线架文件以"范例\CH03\3_05.max"为名保存在教学资源包中的"范例\CH03"目录中。

图 3-40 室内场景效果

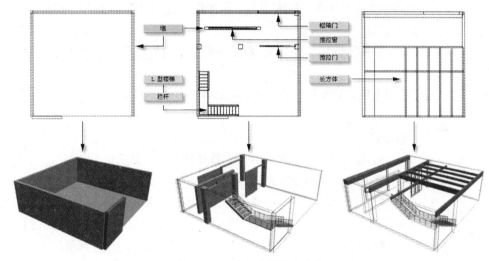

图 3-41 室内场景的搭建过程

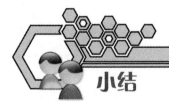

小结

本章重点介绍了各种建筑构件的创建方法，以及相互之间的配合使用技巧，在利用这些建筑构件进行场景建模时应注意以下两点。

（1）在墙体上创建门窗时，偶尔会出现门窗洞消失的现象，这是由于 3ds Max 2012 系统自身的问题所造成的，解决的方法有两种：一是将墙体临时删除，然后再利用 Ctrl + Z 组合键恢复删除，即可显示出删除的墙体；另一种是将完成创建的墙体，在正常显示的情况下进行塌陷，将其转换为【可编辑的多边形】物体，这样就不会出现显示错误，但缺点是之后再也无法自动修改门窗洞的位置和大小。

（2）由于植物本身结构复杂，需要许多网格面才能组成，因此一般植物的面数都比较多，占用系统内存空间也相对较大，如果创建太多的植物就会降低系统运行速度，使各项操作有滞后现象，甚至出现死机。因此在创建多个植物时，应根据计算机配置量力而行。

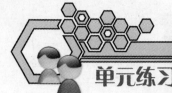

单元练习

一、填空题

1. 利用＿＿＿＿功能，在开放式的墙中选择任意一个点，将其＿＿＿＿到另一个点上后，在这两个点之间就会生成一面新墙。

2. 沿路径生成栏杆时，勾选＿＿＿＿选项，可使栏杆匹配路径的拐角，产生带拐角的栏杆。

3. 【密度】值用来控制植物树叶或花朵的密度。值为"0"时，＿＿＿＿，值为"1"时，＿＿＿＿。

4. 【修剪】值是针对植物的枝叶进行修剪。值为"0"时，＿＿＿＿，值为"1"时，＿＿＿＿。

二、选择题

1. 3ds Max 2012 系统默认植物处于非选择状态时，显示为＿＿＿＿。

   A. 半透明的植物树冠形态　　　　　B. 完整形态

2. 创建楼梯时，勾选＿＿＿＿选项，可设置左右两侧的扶手路径。

   A. 侧弦　　　B.【支撑梁】　　　C.【扶手】　　　　D.【扶手路径】

3. 若想修改楼梯【侧弦】面板内的参数，就要勾选＿＿＿＿选项。

   A.【参数】/【生成几何体】/【扶手】

   B.【参数】/【生成几何体】/【侧弦】

   C.【参数】/【生成几何体】/【扶手路径】

   D.【参数】/【生成几何体】/【支撑梁】

4. 若想修改楼梯【栏杆】面板内的参数，就要勾选＿＿＿＿选项或＿＿＿＿选项。

   A.【参数】/【生成几何体】/【扶手】

   B.【参数】/【生成几何体】/【侧弦】

   C.【参数】/【生成几何体】/【扶手路径】

   D.【参数】/【生成几何体】/【支撑梁】

三、问答题

1. 怎样修改已创建好的墙体？

2. 栏杆的创建方法有哪几种？

3. 若想使墙体自动产生匹配的门窗洞，在创建门窗时有几种方法？

四、操作题

根据本章介绍的内容，创建如图 3-42 所示的大树下的小屋场景。此场景的线架文件以"Lx03_01.max"为名保存在教学资源包中的"习题场景"目录中。

图 3-42　树屋场景效果

第4章

三维造型的编辑与修改

在创建命令面板中可以创建图形、灯光、摄像机、空间扭曲等物体类型，这些物体一旦创建，就拥有了自己的创建参数，独立存在于三维场景中，如果要对其创建参数进行修改，就需要进入修改命令面板来完成。3ds Max 9 提供了强大的修改功能，针对不同的可编辑物体，用户可以使用多种方法来编辑修改。物体每增加一次修改，系统都会在修改命令堆栈中进行记录。另外，3ds Max 9 系统还提供了众多复杂的变形修改功能，可以随时对这些物体进行弯曲、锥化等变形修改。本章将重点介绍这些最常用的修改功能的使用方法。

在三维世界中，网格物体由点、线、面、体块等组合而成，一个或多个物体会组合成一个具体的模型形态，这是构建场景的第一步。如果要对网格物体进行编辑，就要在修改命令面板中来进行操作。

修改面板记录和提供了网格物体从创建到制作成形的全部过程和工具，任何网格物体都可以重做或进行修改，使用不同的修改器可以将网格物体制作成不同的效果。

4.1 常用造型修改器

很多情况下我们需要创建带有弯曲形态或形体变化较大的模型，系统无法提供这类基本体，但可以通过相关修改器对标准体进行编辑修改，从而得到这些变形物体的造型。本节将介绍几种最常用的变形修改器。它们有各自的使用方法，而且用途各不相同。

4.1.1 【弯曲】修改器

【弯曲】修改功能主要用于对物体进行弯曲处理，通过对其角度、方向和弯曲轴向的调整，可以得到各种不同的弯曲效果。另外，通过【限制】参数的设置，弯曲效果还可以被限制在一定区域内。

弯曲修改器

（1）重新设定系统。单击 ▧ / ◯ / 圆柱体 按钮，在透视图中创建一个【半径】为"2"、【高度】为"100"的圆柱体，其【高度分段】值为"20"。

 在使用弯曲修改时，应注意原始物体要拥有足够的分段值，否则将无法得到正确的结果。

（2）单击 ▨ 按钮进入修改命令面板，在【修改器列表】中选择【弯曲】修改器，为圆柱体添加弯曲修改。

（3）在【修改器堆栈】窗口中选择【Bend】/【中心】选项，在左视图中将弯曲中心点沿 y 轴向上移动一段距离，使其位于中心偏上的位置，如图 4-1 左图所示。

（4）在【参数】面板中将【角度】值设为"90"、勾选【限制效果】选项，并将【上限】值设为"25"，此时圆柱体的弯曲效果如图 4-1 右图所示。

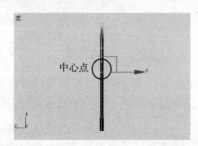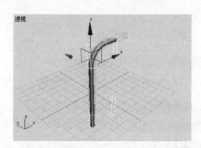

图 4-1 弯曲中心点的位置及弯曲效果

（5）单击 ▨ 按钮，在前视图中将圆柱体沿 x 轴镜像复制一个，然后移动其位置，如图 4-2 所示。

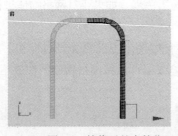

图 4-2 镜像后的弯管位置及透视图的渲染效果

（6）单击窗口左上方快速访问工具栏中的 ▤ 按钮，将此场景保存为"4_01.max"文件。此场景的线架文件以相同名字保存在教学资源包的"范例\CH04"目录中。

【补充知识】

【弯曲】修改命令的参数面板形态如图 4-3 所示。常用选项及参数解释如下。

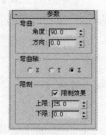

图 4-3 【弯曲】修改命令参数面板

- 【弯曲】部分。

  【角度】：设置弯曲角度的大小。

【方向】：设置相对水平面的弯曲方向。

- 【弯曲轴】栏：设置弯曲所依据的坐标轴向。
- 【限制】部分。

　　【限制效果】：物体弯曲限制开关，不勾选时无法进行限制影响设置。

　　【上限】：设置弯曲的上限值，在超过此上限的区域中将不受弯曲影响。

　　【下限】：设置弯曲的下限值，在超过此下限的区域中将不受弯曲影响。

许多修改器都提供限制功能，它们的用法大致相同，在使用过程中应注意以下几点。

（1）应正确放置【中心】子物体的位置，因为弯曲限制将产生在中心两端。

（2）【上限】值只能设为大于等于"0"的数。

（3）【下限】值只能设为小于等于"0"的数。

4.1.2　【锥化】修改器

　　【锥化】修改功能是通过缩放物体的两端而产生锥形轮廓的，同时还可以生成光滑的曲线轮廓，通过调整锥化的倾斜度及轮廓弯曲度，可以得到各种不同的锥化效果。另外，通过【限制】参数的设置，锥化效果还可以被限制在一定区域内。

　　下面就利用锥化修改功能制作一个走廊场景，效果如图 4-4 所示。

图 4-4　走廊效果

🔑 锥化修改器

　　（1）重新设定系统。单击 ※ / ◯ / 圆柱体 按钮，在透视图中创建一个【半径】为"10"、【高度】为"20"的圆柱体。

　　（2）单击 按钮进入修改命令面板，在【修改器列表】中选择【锥化】修改命令，为圆柱体添加锥化修改，【数量】值为"0.8"，【曲线】值为"0.89"，锥化效果如图 4-5 所示。

　　（3）在前视图中将圆柱体分别向上以【复制】方式复制几个，并修改其锥化参数，如图 4-6 所示。

图 4-5　圆柱体的锥化效果

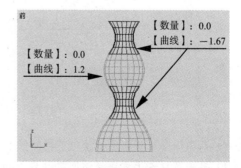

图 4-6　各圆柱体的参数设置

　　（4）单击 ※ / ◯ / 长方体 按钮，在透视图中创建一个【长度】、【宽度】、【高度】均为"20"的长方体，然后使其底面对齐最上面圆柱体的顶面，位置如图 4-7 所示。

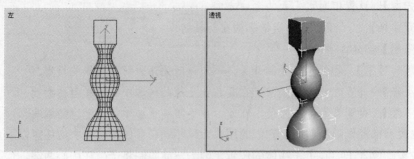

图 4-7　长方体在视图中的位置及形态

（5）在顶视图中将做好的物体向右以【实例】方式复制 8 个，并在其顶部再创建一个【长度】为 "50"、【宽度】为 "1100"、【高度】为 "10" 的长方体，形成栏杆形态，位置及形态如图 4-8 所示。

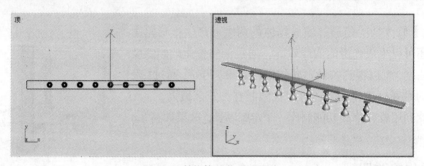

图 4-8　各物体的位置及形态

（6）在标杆的两侧分别创建一个【半径】为 "30"、【高度】为 "500" 的圆柱体，作为柱子。

（7）创建一个【半径】为 "30"、【高度】为 "60" 的圆柱体作为柱础，并为其添加【锥化】修改，【数量】值为 "0.0"、【曲线】值为 "2.96"，位置及形态如图 4-9 所示。

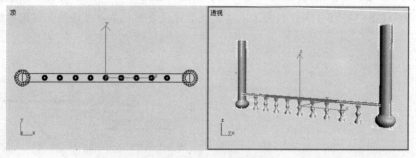

图 4-9　所选节点的位置

（8）在顶视图中将其沿 y 轴向下复制一个，最终效果参见图 4-4。

（9）单击窗口左上方快速访问工具栏中的 按钮，将此场景保存为 "4_02.max" 文件。此场景的线架文件以相同名字保存在教学资源包的 "范例\CH04" 目录中。

【知识补充】

　　【锥化】修改命令的参数面板形态如图 4-10 所示。

- 【锥化】部分。

  【数量】：设置锥化的倾斜程度。此参数实际是一个倍数，物体　的　　物体　　　　　【数量】。

  【曲　】：设置锥化曲　的弯曲程度。

- 【锥化轴】部分。

  【　轴】：设置锥化所依据的轴向。

  【效果】：设置　　影响效果的轴向。　个参数的轴向　　【　轴】的　化　化。

  【对　】：设置对　的影响效果。

图 4-10　【锥化】修改命令参数面板

- 【限制】栏部分。

  【限制效果】：物体锥化限制开关，不勾选时无法进行限制影响设置。

  【上限】：设置锥化的上限值，在超过此上限的区域中将不受锥化影响。

  【下限】：设置锥化的下限值，在　此下限的区域中将不受锥化影响。

4.1.3　【晶格】修改器

【晶格】修改功能可以根据网格物体的线框结构化。线框的交叉点转化为球形节点物体，线框转化为连接的圆柱形支柱物体，常用于制作钢架建筑结构的效果展示。

下面就利用结构线框修改功能制作钢架物体，效果如图 4-11 所示。

图 4-11　钢架物体

晶格修改器

（1）重新设定系统。单击 ◎ / 几何球体 按钮，在透视图中创建一个【半径】为 "100" 的球体，并勾选【半球】选项，这样就创建出了以三角面为基础的一个半球形。

（2）确认透视图为激活状态，单击视图控制区中的 按钮，将半球最大化显示出来。

（3）在半球上单击鼠标右键，选择【转换为】/【转换为可编辑多边形】命令。

（4）单击 按钮进入修改命令面板，单击【选择】面板中的 按钮，进入多边形面子物体的修改层级，单击主工具栏中的 按钮，使其变为 状体，开启该功能后，在视图中做框选操作时，只有被全包围的物体才能被选中。

（5）在前视图中，框选半球底部的所有面，在前视图中只有底部的 "一条线" 变成了红色选中状体，没有 "三角形" 被选中时才算正确的操作。

（6）配合键盘上的 Delete 键删除这些面。半球的形状并没有多大变化，只是底面没有了，变成了一个开放的空心半球。

（7）单击【选择】面板中的 按钮，进入边子物体的修改层级。在前视图中选择所有的边，可以框选也可以配合键盘上的 Ctrl +A 进行全选。

（8）单击【编辑边】面板中的 挤出 按钮右侧的 按钮（设置），透视图中会出现半透明的参数面板，上面的参数是【高度】值，保留默认值"10"，将下面的【宽度】参数值设为"0"，将光标放在宽度参数的图标上会出现左右两个小箭头，可以用鼠标拖动这个箭头，也可以直接在后面数值区域输入一个数字。大家分别调节一下这些参数并观察相应变化，最后单击该窗口的 按钮确认，边挤出前后的效果对比如图 4-12 所示。

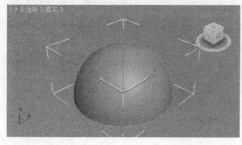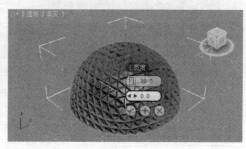

图4-12　边挤出前后效果对比

（9）单击 按钮，使其关闭，进入物体层级进行接下来的操作。

（10）在【修改器列表】中选择【晶格】修改器命令，为长方体添加晶格修改命令，【参数】面板中的参数设置如图 4-13 左图所示，晶格效果如图 4-13 右图所示。

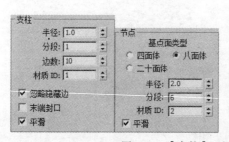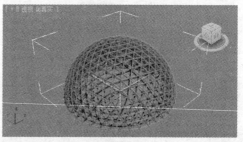

图4-13　【参数】面板中的参数设置及晶格效果

（11）调整不同的视角，观察半球体的内部，会发现这样我们拥有了两层晶格的金属框架穹顶结构，效果参见图 4-11。

（12）单击窗口左上方快速访问工具栏中的 按钮，将此场景保存为"4_03.max"文件。此场景的线架文件以相同名字保存在教学资源包的"范例\CH04"目录中。

【补充知识】

在【晶格】修改功能的参数面板中，常选项含义解释如下。

- 【几何体】部分。

  【仅来自节点的节点】：只显示节点物体。

  【仅来自边的枝柱】：只显示支柱物体。

  【二者】：将支柱与节点物体都显示出来。

3 种选项的不同显示效果如图 4-14 所示。

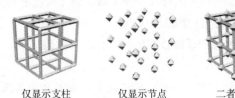

仅显示支柱　　　仅显示节点　　　二者都显示

图 4-14　3 种选项的不同显示效果

- 【支柱】部分。

  【半径】：设置支柱截面的半径大小，即支柱的粗细程度。

  【边数】：设置支柱截面图形的边数，值越大支柱越光滑。

  【末端封口】：为支柱两端加盖，使支柱成为封闭的物体。

  【平滑】：对支柱表面进行光滑处理，产生光滑的圆柱体形态。

- 【节点】部分。

  【基点面类型】：设置节点物体的基本类型，可以选择【四面体】、【八面体】和【二十面体】3 种类型。

  【半径】：设置节点的半径大小。

  【分段】：设置节点物体的片段划分数，值越大，面数越多，节点越接近球体。

  【平滑】：对节点表面进行光滑处理，产生球体效果。

4.1.4　【FFD】自由变形

【FFD】（自由变形）修改功能可以通过少量的控制点来改变物体形态，产生柔和的变形效果。它在物体外围加入一个由控制点构成的结构线框，在结构线框子物体层级，可以对整个线框进行变换操作。在控制点子物体层级，可以移动每个控制点来改变物体的造型。如果打开 自动关键点 按钮，还可以记录成动画效果。

下面就利用【FFD】（自由变形）修改功能制作一个喝醉的酒瓶雕塑群场景，效果如图 4-15 所示。

图 4-15　喝醉的酒瓶效果

【FFD】自由变形修改器

（1）重新设定系统。单击窗口左上方快速访问工具栏中的 按钮，打开教学资源包中的"范例\CH04\4_04.max"文件，这是一个酒瓶与花坛的场景。

（2）选择酒瓶物体，单击 ⌨ 按钮进入修改命令面板，在【修改器列表】中选择【FFD（长方体）】修改命令，为酒瓶物体添加 FFD 修改。

（3）在修改命令堆栈窗口中展开【FFD（长方体）4×4×4】层级，选择其中的【控制点】层级。

（4）在左视图中选择各控制点进行调整，使酒瓶呈扭曲形态，效果如图 4-16 所示。

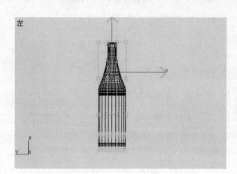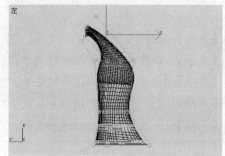

图 4-16 调整控制点前后的形态比较

（5）在修改器堆栈窗口中回到【FFD（长方体）4×4×4】层级。

（6）利用旋转、镜像、移动复制功能，将酒瓶复制几个，并调整位置，效果如图 4-17 所示。

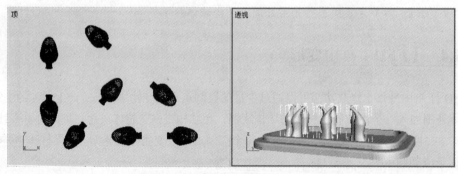

图 4-17 各酒瓶在顶、透视图中的位置

（7）在花坛内的空白处创建一棵盂加拉菩提树，其参数设置及位置如图 4-18 所示。

图 4-18 植物的参数设置及位置

（8）单击窗口左上方的 ⌨ 按钮，在下拉列表中选择【另存为】命令，将此场景保存为"4_04_ok.max"文件。此场景的线架文件以相同名字保存在教学资源包中的"范例\CH04"目录中。

【补充知识】

【FFD】（自由变形）修改命令的参数面板形态如图 4-19 所示。常用选项及参数解释如下。

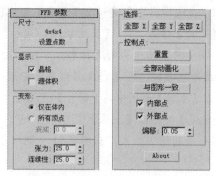

图 4-19 【FFD】（自由变形）修改命令参数面板形态

- 【尺寸】栏部分。

  设置点数 按钮：在弹出的【设置 FFD 尺寸】窗口中设置长、宽、高 3 个方向需要的控制点数目。

- 【显示】栏部分。

  【晶格】：确定是否在视图中显示结构线框。

  【源体积】：勾选此选项，显示控制点和结构线框在未修改时的原始状态。

- 【变形】栏部分。

  【仅在体内】：设置物体在结构线框内部的部分受到变形影响。

  【所有节点】：设置物体的所有节点都受到变形影响，无论它们是否在结构线框内部。

- 【选择】栏：提供一种沿着指定轴向选择控制点的方法。

- 【控制点】栏部分。

  重置 按钮：恢复全部控制点到初始位置。

4.2 单个修改器重复嵌套

下面就利用两次锥化修改功能创建一个酒瓶物体，这种酒瓶需要正反两面略有鼓起，如图 4-20 左图所示，而左右两边却有很大的圆弧凸起，效果如图 4-20 右图所示，这种效果用一次锥化修改是无法完成的。最终效果如图 4-20 中图所示。

图 4-20 休闲小凳形态

单个修改器重复嵌套

（1）重新设定系统。在创建命令面板中的 标准基本体 ▼ 下拉列表中选择 扩展基本体 ▼ 选项。

（2）单击 切角长方体 按钮，在透视图中创建一个【长度】为"20"、【宽度】为"20"、【高度】为"120"的切角长方体，其【圆角】值为"3"、【长度分段】值为"15"、【宽度分段】值为"15"、【圆角分段】值为"3"。确认【平滑】选项为勾选状态。参数如图 4-21 左图所示。

（3）单击 ☑ 按钮进入修改命令面板，在【修改器列表】中选择【锥化】修改命令，为切角长方体添加第一次锥化修改，在【参数】面板中将【数量】值设为"-1.62"，【曲线】值为"5.14"，关键是要勾选【限制】/【限制效果】并修改【上限】值为"82.96"，参数设置如图 4-21 右图所示。此时切角长方体已经出现了第一层的锥化效果，如图 4-21 中图所示。

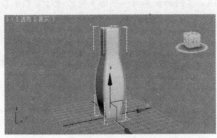

图 4-21　切角圆柱体的位置及参数设置

（4）在【修改器列表】再选择【锥化】修改命令，为切角圆柱体添加第 2 次锥化修改。

（5）在【参数】面板中将【数量】值设为"-3.54"，【曲线】值设为"10"。勾选【限制效果】选项，并将【上限】值设为"80.52"，关键之处是将【锥化轴】/【效果】选项改成"Y"，参数如图 4-22 所示。此时切角圆柱体就出现了左右两侧的凸起效果，而前后两侧则没有变化。效果如图 4-23 所示。

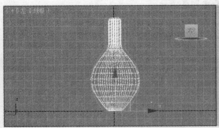

图 4-22　第二次【锥化】参数　　　　　图 4-23　切角圆柱体在左、透视图中的效果

（6）单击窗口左上方快速访问工具栏中的 🖫 按钮，将此场景保存为"4_05.max"文件。此场景的线架文件以相同名字保存在教学资源包中的"范例\CH04"目录中。

4.3　多个修改器顺序嵌套

下面利用多个修改器嵌套使用方法，创建一个如图 4-24 所示的烛台效果。

图 4-24　烛台造型

多个修改器顺序嵌套

（1）重新设定系统。利用球棱柱制作烛台底座，制作流程如图 4-25 所示。

（2）利用球棱锥制作蜡烛座，制作流程如图 4-26 所示。

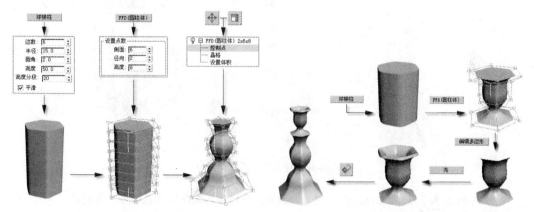

图 4-25　烛台底座制作流程　　　　图 4-26　蜡烛座制作流程

（3）利用切角长方体制作蜡烛，制作流程如图 4-27 所示。

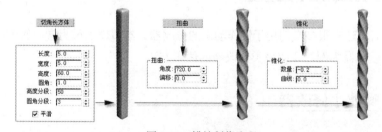

图 4-27　蜡烛制作流程

（4）利用球体制作火苗，制作流程如图 4-28 所示。

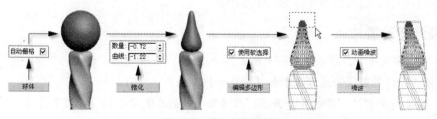

图 4-28　蜡烛制作过程

（5）利用软管物体制作烛台的支架，制作流程如图4-29所示。

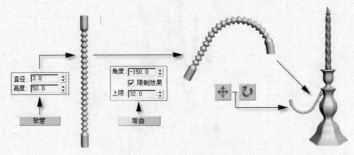

图4-29　支架物体制作流程

（6）将蜡烛和支架物体进行对齐并阵列形成烛台，制作流程如图4-30所示。

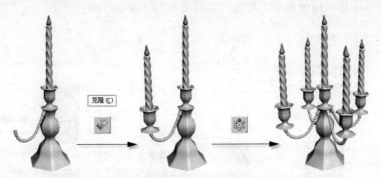

图4-30　对齐并阵列制作烛台

（7）该场景保存为"4_06.max"文件，此线架文件以相同名字保存在教学资源包的"范例\CH04"目录中。

4.4　常用动画修改器

在修改器列表中还有很多专门用于制作动画的修改器，本节就以最为常用的【噪波】修改器和【路径变形】修改器为例，介绍该类修改器的使用方法。

4.4.1　【噪波】修改器

【噪波】修改命令是对物体表面的节点进行随机变动，使表面变得起伏而不规则，常用于制作复杂的地形、水面等，还可以制作很多不规则的造型，如石块、云团或皱纸等。它自带动画噪波设置，只要打开它，就可以产生连续的噪波动画。

噪波修改器

（1）重新设定系统。单击　/　/　平面　按钮，在透视图中创建一个长、宽均为"300"的平面物体，并设置其【长度分段】和【宽度分段】值均为"20"。

（2）单击　按钮进入修改命令面板，在【修改器列表】中选择【噪波】修改命令，为其添加噪波修改。

（3）【参数】面板中的各项设置如图 4-31 左图所示，透视图中调整平面物体显示角度，形态如图 4-31 右图所示。

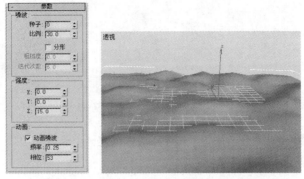

图 4-31　【参数】面板中的设置及平面物体形态

（4）由于勾选了【动画噪波】选项，单击动画播放控制区中的 ■ 按钮，可在透视图中预览动画效果，此时可看到海面波浪涌动的动画效果。

（5）单击窗口左上方快速访问工具栏中的 ■ 按钮，将场景保存为 "4_07.max" 文件。此场景的线架文件以相同名字保存在教学资源包中的 "范例\CH04" 目录中。

【补充知识】

在【参数】面板中，对常用参数的解释如下。

- 【比例】：设置噪波影响的尺寸，值越大，产生的影响越平缓；值越小，影响越尖锐。
- 【分形】：勾选此选项后，噪波会变得无序而复杂。
- 【强度】：分别控制在 3 个轴向上对物体噪波的影响强度，值越大，噪波越强烈。
- 【动画噪波】：调节【噪波】栏和【强度】栏参数的组合效果，提供动态的噪波。
- 【相位】：移动基本波形的开始和结束点，默认的动画设置就是由相位的变化而产生的。

4.4.2　【路径变形】修改器

【路径变形】修改器可控制物体沿着路径曲线变形，也就是物体在指定的路径上移动的同时还会发生变形。

下面就利用【路径变形】修改功能来制作一个彩带环绕着球体的动画效果，如图 4-32 所示。

🔑　**路径变形修改器**

图 4-32　场景效果

（1）重新设定系统。单击 ☀ / ◯ / 球体 按钮，在透视图中创建一个球体，其参数设置如图 4-33 所示。

（2）单击 ☀ / ◯ / 圆 按钮，在左视图中创建一个半径为 "73" 的圆，这是一个二维线型物体，与三维物体不同的是，这种物体不会在最终渲染图像中显示出来，只是在创建初期作为一种辅助线来使用。

（3）微调一下该圆形的位置，使其包围住球体，然后在前视图中将其分别向两边旋转复制两个，旋转角度为 "45°" 和 "-45°"，效果如图 4-34 所示。

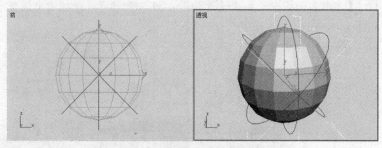

图4-33 球体的参数设置　　　　　　　　图4-34 圆形复制后的位置

（4）单击 ﹒/〇/ 长方体 按钮，在透视图中创建一个长为"10"、宽为"1"、高为"80"的长方体，并设置【高度分段】值为"15"。

要点提示　增加【高度分段】值的目的是为了让长方体进行路径变形时，能很好地做弯曲变形状态，不过于呆板。

（5）保持这个长方体的选择状态，单击 ◢ 按钮进入修改命令面板，在【修改器列表】中选择【世界空间修改器】/【路径变形 WSM】修改命令，为其添加路径变形修改。注意不要选择【对象空间修改器】下的同名修改器。

（6）单击【参数】面板中的 拾取路径 按钮，在透视图中拾取右边的圆线型，再单击 转到路径 按钮，使长方体转移到拾取的路径上，位置如图4-35左图所示。假如拾取的长方体附着在路径上但不是按照路径方向摆放的，那么可以改变一下【路径变形轴】选项，看场景中哪一个轴能出现图4-35左图的形态。

（7）将【扭曲】值设为"980"，使长方体产生扭曲效果，如图4-35右图所示。

下面制作长方体的路径变形动画。

（8）单击动画记录控制区中的 自动关键点 按钮，使其变为红色激活状态，这样就进入动画记录状态中了。单击动画播放控制区的 ▶▶ 按钮，将时间滑块移动到最后一帧处，在【参数】面板中修改【百分比】的值设为"200"，单击 自动关键点 按钮，使其关闭取消动画记录状态。

（9）确认透视图为激活视图，单击动画播放控制区的 ▶ 按钮，在透视图中观看动画预览，会看到长方体像彩带一样以圆形为路径，围绕着球体做环绕变形运动。

（10）利用相同方法再创建相同参数的两个长方体，为其制作路径变形动画设置，【百分比】的设置如图4-36所示。记录方法是，开启 自动关键点 按钮后，在时间滑块为第0帧的时候（单击 ◀◀ 按钮就可以了），设置第一个数值，然后在时间滑块为第100帧的时候（单击 ▶▶ 按钮就可以了），设置第二个数值。

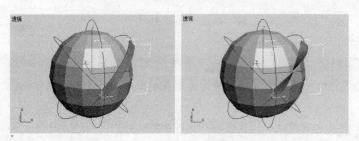

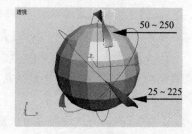

图4-35 长方体的位置及形态　　　　　　　图4-36 长方体的动画设置参数

（11）用相同方法设置球体的旋转动画。激活 自动关键点 按钮，选择球体，确认时间滑块在第 100 帧处，在透视图中将其沿 z 轴旋转 "–115°"。

（12）单击动画播放控制区的 ▣ 按钮，在透视图中观看动画预览。

（13）单击窗口左上方快速访问工具栏中的 ▣ 按钮，将场景保存为 "4_08.max" 文件。此场景的线架文件以相同名字保存在教学资源包的 "范例\CH04" 目录中。

【补充知识】

路径变形修改命令的【参数】面板形态如图 4-37 所示。

其常用参数解释如下。

图 4-37　【参数】面板形态

- 拾取路径 按钮：单击此按钮，在视图中拾取指定路径曲线，但物体的位置保持不变。
- 【百分比】：调节物体在路径上的位置。
- 【扭曲】：设置物体沿路径扭曲的角度。
- 转到路径 按钮：单击此按钮，可使物体移动到路径曲线上。

4.5　多边形建模

三维空间中的物体是以面片构成的，而这些面片都是附着在网格线上的，网格线的两端又分别连接在节点上，这些节点、网格线、面片都是该物体的子物体，如果要针对这些子物体层级进行编辑，就必须为原物体添加编辑修改命令，比如【编辑网格】、【编辑多边形】等，造型功能最强的是【编辑多边形】修改命令。

【编辑多边形】修改功能有 5 种子物体层级可供选择：▦（节点）、◢（边）、◨（边界）、▦（多边形）和◪（元素）。通过编辑这些子物体，可以将一个普通的基本体转换成为各种复杂三维造型，这是一种最为常用的多边形编辑建模方法。

4.5.1　节点编辑

节点是多边形里最小的子物体单元，它的变动将直接影响与之相连的网格线，进而影响整个物体的表面形态。

🔑 节点编辑

（1）重新设定系统。单击 ▦ / ◯ / 长方体 按钮，在透视图中创建一个长、宽、高均为 "50" 的正方体，设置其【长度段数】、【宽度段数】和【高度段数】值均为 "2"。

（2）按键盘上的 F4 键，显示正方体表面的网格线。

（3）单击 ▨ 按钮进入修改命令面板，在【修改器列表】中选择【编辑多边形】修改命令，为正方体添加编辑多边形修改。另外一种方法就是，在该物体上单击鼠标右键，在快捷菜单中选择【转换为】/【转换为可编辑多边形】命令，也可以开启多边形修改命令面板。

（4）单击【选择】面板中的 ▦ 按钮，选择正方体 8 个尖角处的顶点，可以先框选全部节点，然后按住键盘上的 Alt 键（排除选择），在【顶】、【前】两个视图中，框选物体中间不需要的节点，这样留下来的就是 8 个最顶端的节点了。

（5）在【编辑顶点】面板中单击 切角 按钮右侧的□按钮（设置），在弹出半透明的参数面板，在【切角顶点】对话框中将【切角量】的值设为"25"，单击✓按钮确认修改效果。此时正方体就变成异面体形态了，效果如图4-38所示。

要点提示 经过斜切后的节点表面上是在一起的，但并没有焊接起来。那些重叠的顶点会给以后的编辑工作带来麻烦。

（6）框选异面体上的所有节点，单击【编辑顶点】参数面板下方的 焊接 按钮，进行节点焊接。注意观察参数面板上方【选择】参数面板底部提示的选择节点会从42个变成18个。说明很多重叠的节点都被合并了。

（7）在透视图中，单击物体顶面中心的一个节点，使其变为红色选择状态，单击【编辑顶点】/ 移除 按钮，去除此节点，注意移除与删除时不同的效果，如果删除该点，则顶面也就随之删除了，成为了一个方洞。而移除则只是去掉这个节点，顶面仍然保持完整的封闭状态。移除顶点后的效果如图4-39所示。

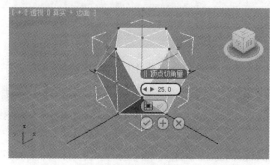
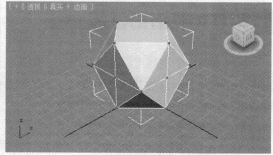

图4-38　异面体形态　　　　　　　　　　　　　　图4-39　移除节点后的结果

（8）按住键盘上的 Ctrl 键，通过单击，在透视图中选择异面体两侧平面上的节点，前后共4个节点，可以配合工具，旋转视图完成选择任务。位置如图4-40所示。

（9）单击 挤出 按钮右侧的□（设置）按钮，在弹出的半透明对话框中设置【高度】值为"20"，【宽度】值为"15"，单击✓按钮，确定修改效果，此时异面体形态如图4-41所示。

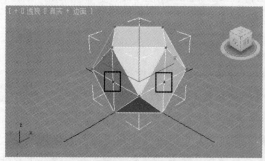
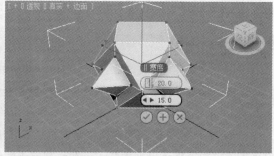

图4-40　选择节点的位置　　　　　　　　　　图4-41　【挤出顶点】对话框中的设置及异面体形态

（10）单击 按钮，使其关闭，退出子物体修改状态，回到父物体层级。

（11）单击窗口左上方快速访问工具栏中的□按钮，将场景保存为"4_09.max"文件。此场景的线架文件以相同名字保存在教学资源包的"范例\CH04"目录中。

【补充知识】

【编辑顶点】面板形态如图 4-42 所示。

其中常用按钮含义解释如下。

- 移除 按钮：去除当前选择的节点，周围的节点会重新进行结合，不会破坏表面的完整性。

图 4-42　【编辑顶点】面板

- 挤出 按钮：对选择的节点进行挤出操作，使节点沿着法线方向在挤出的同时创建出新的多边形表面。

- 焊接 按钮：用于节点之间的焊接操作。

- 切角 按钮：对选择的点进行切角处理。

4.5.2　边编辑

三维物体的关键位置上的边是很重要的子物体元素，如两个垂直面相交的边是经常要编辑的地方，可通过切角命令生成过渡表面，从而改变两个面之间的尖锐相交效果。

✂ 边编辑

（1）重新设定系统。单击 ✛ / ◯ / 长方体 按钮，在透视图中创建一个长、宽、高均为"50"的正方体，设置其【长度段数】、【宽度段数】和【高度段数】值均为"2"。

（2）按键盘上的 F4 键，显示正方体表面的网格线。

（3）单击 ✐ 按钮进入修改命令面板，在【修改器列表】中选择【编辑多边形】修改命令，为正方体添加编辑多边形修改。

（4）单击【选择】面板中的 ◢ 按钮，配合键盘上的 Ctrl 键，在透视图中选择顶面边沿位置的 8 条边界线。

（5）在【编辑边】面板中单击 切角 按钮右侧的 ▣ 按钮；在弹出的【切角边】对话框中将【切角量】值设为"4"，单击 ✓ 按钮，确认修改效果，此时正方体顶部出现斜切面，如图 4-43 所示。

（6）配合键盘上的 Ctrl 键，选择顶面中央的十字边，单击 挤出 按钮右侧的 ▣ 按钮，在弹出的半透明对话框中设置【高度】值为"－4"，【宽度】值为"4"，单击 ✓ 按钮，此时正方体形态如图 4-44 所示。

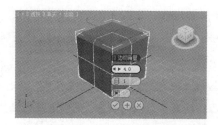

图 4-43　斜切面效果

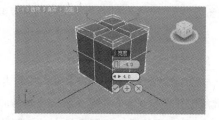

图 4-44　【挤出边】对话框设置及正方体形态

（7）单击 ◢ 按钮，关闭边子物体修改层级，回到父物体层级。

（8）单击窗口左上方快速访问工具栏中的 ▣ 按钮，将场景保存为"4_10.max"文件。此场景的线架文件以相同名字保存在教学资源包中的"范例\CH04"目录中。

【补充知识】

【编辑边】面板形态如图4-45所示，其中常用按钮的含义解释如下。

- 移除 按钮：去除当前选择的边，去除边周围的面会重新进行结合，不会破坏表面的完整性。

- 挤出 按钮：对选择的边进行挤出操作，使边沿着法线方向在挤出的同时创建出新的多边形表面。

- 焊接 按钮：用于边之间的焊接操作。

图4-45 【编辑边】面板

- 切角 按钮：对选择的边进行切角处理。

4.5.3 边界与元素编辑

边界是一些比较特殊的边，它们位于非闭合表面的开放处，通过编辑这些边界可以在开放表面的缺口处进行造型。单击按钮后可选择开放的边界，非边界的边不能被选择。

元素是指相对独立的完整部件，如一个茶壶物体，在它的元素层级中就可以分别针对茶壶盖、茶壶嘴、茶壶把进行单独的编辑修改。

边界与元素编辑

（1）重新设定系统。选择菜单栏中的【文件】/【打开】命令，打开教学资源包中的"范例\CH04\4_11.max"文件，这是一个表面被【编辑多边形】编辑过的正方体。

（2）在左视图中选择正方体，单击主工具栏中的按钮，将其沿x轴以【实例】方式镜像，设置【偏移】值为"150"。镜像过程中可能会出现原始物体某些面变透明的效果，这说明该物体的表面法线方向有问题，先不处理这个问题，继续下面的操作。

（3）选择"Box01"物体，单击按钮进入修改命令面板，在【选择】面板中单击按钮，在透视图中选择抠洞处的边界。

（4）在【编辑边界】面板中，单击 挤出 按钮右侧的按钮，在弹出的半透明对话框中将【高度】值设为"15"，然后单击按钮，此时正方体形态如图4-46所示。

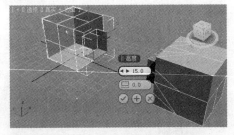

图4-46 边界挤出后的结果

 由于两个正方体是以【实例】方式复制的，因此对一个正方体进行修改的同时，另一个也同步发生变化，但两个正方体无法合并在一起，如要合并则需打破这种关联关系。

（5）单击按钮，使其关闭。

（6）在修改器堆栈窗口下方的工具栏内单击按钮，使其变为灰色不可选方式，此时两个正方体就解除了关联关系，再观察原来的方体，发现其已经恢复了原始的状态，说明法线已经修正了。

（7）单击【编辑几何】面板中的 附加 按钮，在单击另一个正方体，将它们合并在一起，然后关闭 附加 按钮。

 此时合并进来的物体背面不可见，看上去是开放的物体，需要将该物体表面法线反转过来。

（8）单击【选择】面板中的 ▦ 按钮，选择要反转法线的物体，使其变为红色，即被选择状态。

（9）单击【编辑元素】面板中的 翻转 按钮，进行法线反转，此时物体形态如图 4-47 所示。

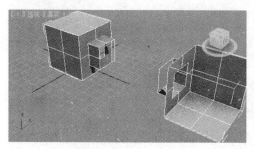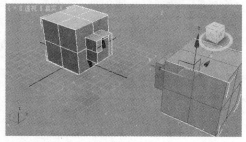

图 4-47　法线反转前后的物体形态比较

（10）单击 ◐ 按钮，确认两个抠洞处的边界均为被选择状态，在【编辑边界】面板中，单击 桥 按钮右侧的 ▣ 按钮，在弹出的半透明对话框中修改【分段】值为"5"，【锥化】值为"2.5"，【平滑】值为"45"，效果如图 4-48 所示，在两个物体之间创建了一个连接面连接。

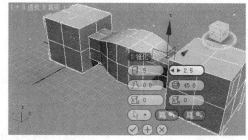

图 4-48　【跨越边界】对话框中的参数设置及连接状态

（11）单击 ✓ 按钮，确认效果。单击 ◐ 按钮，使其关闭。

（12）单击窗口左上方的 ◉ 按钮，在下拉列表中选择【另存为】命令，将场景另存为"4_11_ok.max"文件。此场景的线架文件以相同名字保存在教学资源包中的"范例\CH04"目录中。

【补充知识】

【编辑边界】面板形态如图 4-49 所示，其中常用按钮含义解释如下。

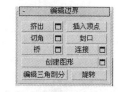

图 4-49　【编辑边界】面板形态

- 封口 按钮：单击此按钮可使选择的开放边界成为封闭的实体，如图 4-50 所示。

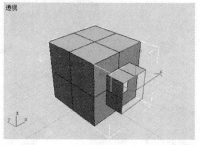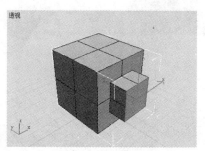

封口前　　　　　　　封口后

图 4-50　封口前后的物体比较

- **挤出** 按钮：对选择的边界进行挤出操作，使边界沿着法线方向在挤出的同时创建出新的多边形表面。
- **挤** 按钮：在两个边界之间创建连接。

【编辑元素】面板形态如图 4-51 所示。

- **翻转** 按钮：反转所选子物体的法线方向。

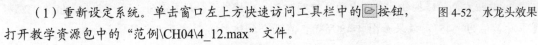

图 4-51　【编辑元素】面板形态

4.6　制作水龙头

下面就利用【编辑多边形】修改命令中的一些常用命令制作水龙头，效果如图 4-52 所示。

图 4-52　水龙头效果

制作水龙头

（1）重新设定系统。单击窗口左上方快速访问工具栏中的 按钮，打开教学资源包中的"范例\CH04\4_12.max"文件。

（2）将选择面沿样条线挤出形成水龙头形态，制作流程如图 4-53 所示。

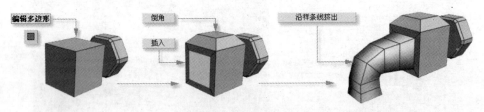

图 4-53　水龙头制作流程

（3）将水龙头各部分连接起来，再制作水龙头把手，制作流程如图 4-54 所示（此步骤的场景文件为教学资源包中的"4_12_6.max"和"4_12_6_ok.max"文件）。

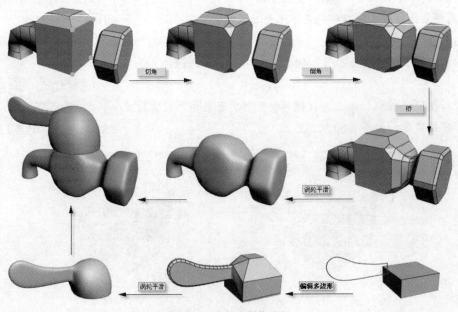

图 4-54　水龙头制作流程

（4）该场景保存为"4_12_ok.max"文件。线架文件以相同名字保存在教学资源包的"范例\CH04"目录中。

4.7 三维布尔运算

布尔运算是一种逻辑数学的计算方法，这种算法主要用来处理两个集合的域的运算。当两个造型相互重叠时，就可以进行布尔运算。在 3ds Max 中，任何两个物体（有形的几何体）相互重叠时就可以进行布尔运算，运算之后产生的新物体称为布尔物体，属于参数化的物体。参加布尔运算的原始物体将永久保留其建立的参数。

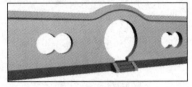

图 4-55 花墙效果

下面就利用三维布尔运算建模方式创建花墙物体，形态如图 4-55 所示。

🔑 制作花墙

（1）重新设定系统。单击窗口左上方快速访问工具栏中的 按钮，打开教学资源包中的"范例\ CH04\4_13.max"文件。

（2）在顶视图中选择一个双圆形窗洞物体，单击鼠标右键，在弹出的快捷菜单栏中选择【转换为：】/【转换为可编辑多边形】命令，将选择物体进行转换。

（3）单击【编辑几何体】面板中的 附加 按钮，依次单击门洞物体和另一个窗洞物体，将它们结合在一起。单击 附加 按钮，使其关闭。

（4）单击主工具栏中的 按钮，拾取墙体，将门窗洞物体与墙体沿 y 轴中心对齐。

（5）选择墙体，单击 按钮进入创建命令面板，在 标准基本体 ▾ 下拉列表中选择 复合对象 ▾ 选项。

（6）单击 ProBoolean 按钮（高级布尔运算），确认【参数】面板中【操作】栏下的选择项为【差集】。

要点提示 ProBoolean 与 布尔 功能非常类似，但是前者更为优秀，由于 3ds Max 早期版本一直使用的是 布尔 ，所以在 3ds Max 2012 版本中仍然保留该命令，但是我们常用的是 ProBoolean 。

（7）单击【拾取布尔对象】面板中的 开始拾取 按钮，在视图中选择门窗洞物体，进行布尔减运算。可以看到墙洞已经自动抠好了。

（8）在视图的空白处单击鼠标右键，取消拾取状态，再单击一次右键，在弹出的快捷菜单中选择【全部取消隐藏】命令，将隐藏的物体显示出来，渲染透视图，结果参见图 4-55。

要点提示 在修改器堆栈窗口中选择【布尔】/【操作对象】选项，在【参数】面板的【操作对象】列表中选择【操作对象 B】，单击 按钮，可在视图中移动操作对象 B 的位置，从而可以改变花墙的抠洞位置。

（9）单击窗口左上方的 按钮，在下拉列表中选择【另存为】命令，将场景另存为"4_13_ok.max"文件。此场景的线架文件以相同名字保存在教学资源包的"范例\CH04"目录中。

【补充知识】

高级布尔运算有很多种运算模式，有些结果完全不同，该功能是根据布尔代数的运算法则发展出来的一套三维建模工具，我们可以简单地理解为某种三维的切割操作，无非是选择不同的运算，使得切割之后保留的部分有所不同而已。

（1）【拾取布尔对象】面板。【拾取布尔对象】面板形态如图 4-56 所示。

- 开始拾取 按钮：在布尔运算中，两个原始物体被称为运算对象，一个叫运算对象 A，另一个叫运算对象 B。建立布尔运算前，首先要在视图中选择一个原始对象，即运算对象 A，再单击 开始拾取 按钮，在视图中拾取另一物体，即运算对象 B，然后就可生成三维布尔运算物体了。

- 【移动】：系统默认拾取方式就是这种，拾取运算对象 B 之后，原物体就消失了，只留下运算结果。

- 【参考】、【复制】、【实例化】：这三种拾取方式则会保留运算对象 B 的原始物体，拾取后看起来没有变化，可是移开运算对象 B 之后就看到操作结果了。这三个参数的差别就是复制后运算对象 B 原始物体与运算结果物体无关联，修改运算对象 B 原始物体对运算结果不产生任何影响。而实例化则会相互影响，如果改变了原始物体参数，则运算结果对象也会实时发生变化。

（2）【参数】面板。【参数】面板形态如图 4-57 所示。

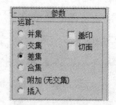

图 4-56　【拾取布尔】面板形态　　　　　图 4-57　【参数】面板形态

- 【并集】：结合两个物体，减去相互重叠的部分，效果如图 4-58 所示。

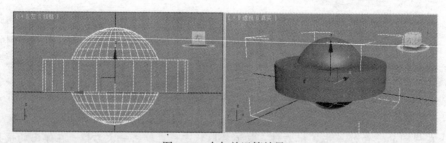

图 4-58　布尔并运算效果

- 【交集】：保留两个物体相互重叠的部分，删除不相交的部分，效果如图 4-59 所示。

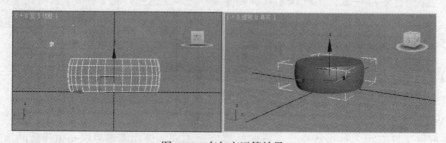

图 4-59　布尔交运算效果

- 【差集】：用第 1 个被选择的物体减去与第 2 个物体相重叠的部分，剩余第 1 个物体的其余部分，效果如图 4-60 所示。

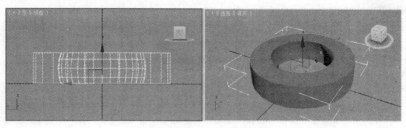

图 4-60　布尔差运算效果

- 【合集】、【附加】：将两个物体结合成一个物体，两者的区别不大，运用合集时，两物体的交界处会产生新边，两者会结合成一个子物体，而附加则是与编辑多边形物体里的附加功能一致，组合后在编辑多边形操作时，这两个物体在子物体层级仍是相对独立的个体，效果如图 4-61 所示。

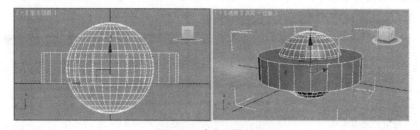

图 4-61　合集运算效果

- 【插入】：会形成一个物体渗入到另一个物体中的效果，静态时非常类似布尔并运算。该功能多用于一个物体没入另一个物体的动画效果中。其效果如图 4-62 所示。

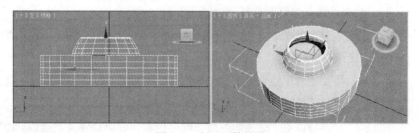

图 4-62　插入运算结果

（3）【显示】和【子对象运算】面板。【显示】和【子对象运算】面板形态如图 4-63 所示。

- 【结果】：只显示最后的运算结果。
- 【运算对象】：显示所有运算对象，如图 4-64 所示。

需要说明一点，这里只是显示所有运算对象而已，但是无法修改相对位置关系。如果要移动相对位置，则需要在修改器堆栈中进入【ProBoolean】/【运算对象】子物体层级，通过移动运算对象的轴心点来实现运算对象的位移操作，该操作是可以被动画记录的，移动运算对象后的效果如图 4-65 所示。至于移动的是哪个运算对象，要看在【更改运算】下方的物体列表窗口中，选中的是哪一个物体。

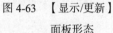

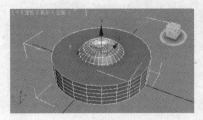

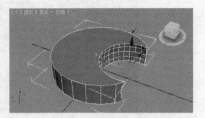

图 4-63 【显示/更新】	图 4-64 显示所有的	图 4-65 【结果+隐藏的操作
面板形态	运算对象	对象】方式显示结果

- ：将物体列表中选中物体，从布尔运算结果中单独分离出来，成为独立的个体。

- **重排运算对象**：通过修改右侧数字，然后单击该命令，可以修改下方物体列表中的先后顺序。物体的顺序号在物体名称的左侧。

- **更改运算**：一旦拾取了运算对象之后，在物体名称列表中选中要修改的对象名称，然后在【运算】面板中更改运算方式，再单击该命令，就可以改变运算方式了。

小结

本章主要介绍以下几部分内容。

（1）物体变形修改。这些修改命令都是通过为物体添加一个参数化的虚拟套框，然后通过修改这个套框的形状，进而影响三维物体的形态。在使用这类修改命令时，需要注意原始物体的网格密度，更多的网格数会使变形后的物体表面更加细腻。若网格数过少，有时很难得到正确的变形修改效果。

（2）动画修改器。这类修改命令既可以制作静态物体变形修改，还可以用来制作各种动画效果。其实绝大部分的修改器参数都可以用来制作动画效果，只需要正确记录相应参数的关键帧即可。

（3）复杂物体建模。【编辑多边形】修改命令是最常用的复杂物体建模工具，它可以通过编辑物体上的点、线、面等子物体得到精细的模型结构，然后再通过相关的平滑修改命令，就可转换为复杂的曲面造型，整个修改过程与手工雕塑相似，对操作者的空间想象能力和空间物体控制能力要求极高。

（4）三维布尔运算也是一种常用的造型切割类修改命令，唯一的缺点是对模型的外观及相对位置要求较为严格，而且运算方式较多，需要逐个熟悉。

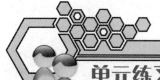

单元练习

一、填空题

1. 在使用弯曲修改时，应注意原始物体要拥有足够的_____，否则将无法得到正确的结果。

2.【锥化】修改功能是通过_____而产生锥形轮廓，同时还可以生成_____的曲线轮廓。

3.【晶格】修改功能可以根据网格物体的线框结构化。线框的交叉点转化为_____节点物体，线框转化为连接的_____支柱物体。

4.【FFD】（自由变形）修改功能可以通过少量的_____来改变物体形态，产生柔和的变形效果。

二、选择题

1. 在锥化的【参数】面板中，【效果】右侧的轴向会随_____的变化而变化。

    A.【数量】   B.【主轴】   C.【对称】   D.【曲线】

2. 若要对物体表面的节点进行随机变动，使表面变得起伏而不规则，可使用_____修改功能。

    A.【弯曲】   B.【FFD】   C.【噪波】   D.【路径变形】

3. 若要对多边形物体的边界进行编辑，就要先单击【选择】面板中的_____按钮。

    A.   B.   C.   D.

4. 在进行三维布尔运算时，先选择的物体为_____，后拾取的物体为_____。

    A. 操作数 A   B. 操作数 B

三、问答题

1. 许多修改器都提供限制功能，在使用过程中应注意几点？

2. 是否可以对一个物体进行两次弯曲？关键是什么？

3. 简述三维布尔运算中并、交、差集的含义。

四、操作题

1. 利用晶格修改功能创建一个如图 4-66 所示的钢架结构模型。此场景的线架文件以"Lx04_01.max"名字保存在教学资源包中的"习题场景"目录中。

2. 利用 FFD 修改器制作一个如图 4-67 所示的卡通鸟模型。此场景的线架文件以"Lx04_02.max"名字保存在教学资源包中的"习题场景"目录中。

图 4-66 钢架效果   图 4-67 卡通鸟模型

第5章

二维画线与捕捉

在 3ds Max 2012 中，除了可以直接创建现成的三维物体之外，还可以利用二维画线与捕捉功能来创建三维物体。二维线型在刚创建时，只起到辅助作用，渲染时是不可见的，但可以通过对二维线型的编辑修改可使其转换成三维物体，这样就大大丰富了三维造型的建模手段。本章首先介绍二维画线的基本操作方法，之后配合各种捕捉方式绘制精确图形，利用二维画线与捕捉功能可以实现 AutoCAD 中的许多绘制功能，为建筑设计提供了很大的便利条件。

5.1 二维画线的作用与概念

二维画线功能是 3ds Max 2012 的另一种建模方法，可以通过 ⬚ / ⬚ 图形创建命令面板中的图形命令按钮，创建出不同种类的二维图形，然后施加不同的修改器，使之形成复杂的三维造型。

5.2 二维画线

二维画线功能既可以自由地创建任意形态的二维图形，也可以通过键盘输入创建规则的二维图形。本节将重点介绍这两种创建二维图形的方法。

5.2.1 徒手画线与正交

在 3ds Max 2012 中进行徒手画线，可以直接画出曲线和正交线。其中 线 的创建方法简单而具有代表性，大多数二维线型的创建方法都与之相似，下面就以 线 为例介绍二维线型的创建及修改方法。

徒手画线与正交

（1）重新设定系统。单击　/　/　线　按钮，在【创建方法】面板中使用默认的【初始类型】/【角点】和【拖动类型】/【Bezier】（贝塞尔）选项。

> **要点提示**　线　按钮顶端的【开始新图形】选项默认是勾选的，表示每建立一个曲线，都作为一个新的独立的线型，如果取消勾选，那么建立的多条曲线都将作为一个线型对待。

（2）按住键盘上的 Shift 键，在前视图中单击鼠标左键，确定直线的第 1 点，向上移动鼠标光标，在合适的位置单击鼠标左键，确定第 2 点。

（3）向右移动鼠标光标，然后单击鼠标左键，确定第 3 点，松开 Shift 键，这样就绘制了一个正交线段。

（4）移动鼠标光标，在合适的位置按住鼠标左键不放，进行拖曳，生成一个圆弧状的曲线，调整上半部曲线的弧度至合适位置后松开鼠标左键，确定第 4 点，然后再向下移动鼠标，单击鼠标左键确定曲线的第 5 点，最后单击鼠标右键完成操作，此时绘制的是一条带直角的非闭合曲线，如图 5-1 所示。

（5）单击窗口左上方快速访问工具栏中的 按钮，将此场景保存为 "5_01.max" 文件。此场景的线架文件以相同名字保存在教学资源包中的 "范例\CH05" 目录中。

【补充知识】

【创建方法】面板形态如图 5-2 所示。

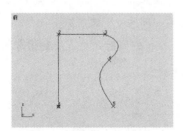

图 5-1　非闭合曲线型态

图 5-2　【创建方法】面板形态

- 【初始类型】：确定曲线起始点的状态，包括【角点】和【平滑】两种类型，它们分别用于绘制直线和曲线。
- 【拖动类型】：确定拖动鼠标光标时引出的线的类型，包括【角点】、【平滑】和【Bezier】3 种类型。例如勾选【Bezier】选项，可生成贝塞尔曲线。

5.2.2　键盘输入画线

在前面的章节中介绍了利用键盘输入创建基本体的方法，同样在创建二维线型时，也可以用此方法。下面就用键盘输入法创建一个楼梯的截面图形。

键盘输入画线

（1）重新设定系统。激活前视图，单击　/　/　线　按钮，展开其下的【键盘输入】面板，确认【X】、【Y】、【Z】选项的值均为 "0.0"，单击 添加点 按钮，此时在原点处创建了一个点。

（2）将【Y】值设为"450"，单击 添加点 按钮，再加入一点，此时就在前视图中绘制了一条直线。

（3）将【X】值设为"300"，单击 添加点 按钮，再加入一点。

（4）依次在（300,300）点、（600,300）点、（600,150）点、（900,150）点和（900,0）点处单击 添加点 按钮，加入以上各点。

（5）单击 关闭 按钮，在顶视图中绘制出了一个楼梯的截面图形，如图5-3所示。

（6）单击窗口左上方快速访问工具栏中的 按钮，将此场景保存为"5_02.max"文件。此场景的线架文件以相同名字保存在教学资源包中的"范例\CH05"目录中。

【补充知识】

【键盘输入】面板形态如图5-4所示。

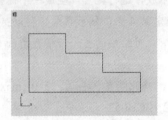

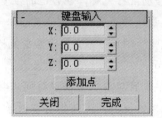

图5-3　楼梯截面图在前视图中的形态　　　　　图5-4　【键盘输入】面板形态

- 添加点 按钮：输入坐标值后单击此按钮，可在此坐标值处加入一点。
- 关闭 按钮：单击此按钮，绘制闭合线型，如图5-5左图所示。
- 完成 按钮：单击此按钮，在完成键盘输入操作的同时还可以绘制出非闭合线型，如图5-5右图所示。

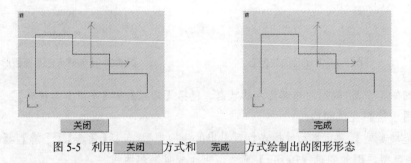

图5-5　利用 关闭 方式和 完成 方式绘制出的图形形态

5.2.3　创建文本

在3ds Max 2012中可直接创建文字图形，并且支持中英文混排以及当前操作系统所提供的各种标准字体，字体的大小、内容和间距都可以进行参数化调节，使用起来非常方便。

🔑 创建文本

（1）重新设定系统。单击 / / 文本 按钮，在【参数】面板下方的【文本】框内输入文字，例如"三维制作"，如图5-6所示。

（2）激活前视图，然后在视图中单击鼠标左键，创建的文本字就出现在前视图中，形态如图 5-7 所示。

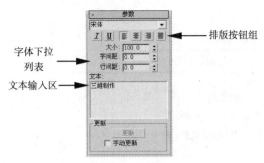

图 5-6 在文本框内输入文字　　　　　　　图 5-7 文本字在前视图中的形态

【补充知识】

文本的【参数】面板中常用参数的含义解释如下。

- 排版按钮组：进行简单地排版。

*I*按钮：设置字体为斜体。　　　　　　　　按钮：居中对齐。

*u*按钮：加下划线。　　　　　　　　　　　按钮：右对齐。

按钮：左对齐。　　　　　　　　　　　　　按钮：两端对齐。

其中，*I*按钮和*u*按钮功能效果如图 5-8 所示。

斜体　加下划线　斜体加下划线

图 5-8 斜体字体及加下划线字体的应用

- 【大小】：设置文字的大小。
- 【字间距】：设置文字之间的间隔距离。
- 【行间距】：设置文字行与行之间的距离。

5.2.4 参数化二维线型

在二维线型建模中，有一些线型的创建方法是相似的，本节将以矩形为例，介绍参数化二维线型的创建方法，然后以表格方式罗列出其他参数化二维线型的创建方法。

创建矩形

（1）重新设定系统。单击　／　／　矩形　按钮。

（2）在前视图中单击鼠标左键，确定矩形的一个节点，然后拖曳鼠标拉出一个矩形框，至合适位置后松开鼠标左键，完成矩形的创建工作。

【补充知识】

矩形的参数面板形态如图 5-9 所示。

- 【长度】：设置矩形的长度值。
- 【宽度】：设置矩形的宽度值。

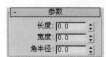

图 5-9 矩形的【参数】面板

81

- 【角半径】：设置矩形的四角是直角还是有弧度的圆角。

在 3ds Max 2012 中还有圆、椭圆、螺旋线等二维画线功能，它们的创建方法基本相同，如表 5-1 所示为标准二维线型的图例和创建方法。

表 5-1　　　　　　　　　　　　　　标准二维线型的图例和创建方法

名称及创建方法	图例	名称及创建方法	图例
线 ① 单击鼠标左键确定第 1 点 ② 移动鼠标光标，单击鼠标左键确定第 2 点 ③ 单击鼠标右键完成		圆 ① 按住鼠标左键拖曳 ② 松开鼠标左键完成	
弧 ① 按住鼠标左键拖曳 ② 松开鼠标左键移动 ③ 单击鼠标左键确定		多边形 ① 按住鼠标左键拖曳 ② 松开鼠标左键完成	
文本 ① 在文本框内输入文字 ② 在视图中单击鼠标左键完成		截面 ① 在原物体上按住鼠标左键拖出矩形 ② 单击 创建图形 按钮创建截面	
矩形 ① 按住鼠标左键确定第 1 个角点 ② 移动鼠标光标 ③ 松开鼠标左键确定第 2 个角点		椭圆 ① 按住鼠标左键拖曳 ② 松开鼠标左键完成	
圆环 ① 按住鼠标左键拖曳 ② 松开鼠标左键移动 ③ 单击鼠标左键确定		星形 ① 按住鼠标左键拖曳 ② 松开鼠标左键移动 ③ 单击鼠标左键确定	
螺旋线 ① 按住鼠标左键拖曳 ② 松开鼠标左键移动 ③ 单击鼠标左键拖曳 ④ 单击鼠标左键完成			

在 ● / ◎ / 样条线 ▼ 下拉列表里面有一个 扩展样条线 ▼ 选项，是更为复杂的二维线型，如表 5-2 所示为这些线型的图例和创建方法。

表 5-2　　　　　　　　　　　　　　扩展二维线型的图例及创建方法

名称及创建方法	图例	名称及创建方法	图例
墙矩形 ① 按住鼠标左键拖出矩形框 ② 移动鼠标光标，确定内框大小 ③ 单击鼠标左键完成		通道 ① 按住鼠标左键拖出长度和宽度 ② 移动鼠标光标，确定厚度 ③ 单击鼠标左键完成	

续表

名称及创建方法	图例	名称及创建方法	图例
角度 ① 按住左键拖出长度和宽度 ② 移动鼠标光标，确定厚度 ③ 单击鼠标左键完成	LLLL	**T 形** ① 按住左键拖出长度和宽度 ② 移动鼠标光标，确定厚度 ③ 单击鼠标左键完成	TTTT
宽法兰 ① 按住左键拖出长度和宽度 ② 移动鼠标光标，确定厚度 ③ 单击鼠标左键完成	IIII		

5.3　捕捉功能

对二维线型的编辑修改方法也是本章的重点，多数情况下在创建面板中创建出来的二维线型都不符合最终的设计要求，需要利用编辑多边形命令进行二次修改，通过这些编辑命令可绘制出各种复杂的二维图形。

5.3.1　栅格点捕捉

下面就利用栅格点捕捉功能绘制一个窗棂的立面图形，效果如图 5-10 所示。

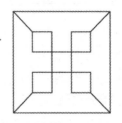

图 5-10　窗棂的立面图形

栅格点捕捉

（1）重新设定系统。单击工具栏中的 ^{3_m} 按钮，使其变为黄色激活状态。在该按钮上单击右键，会弹出一个【栅格和捕捉设置】窗口，确认该窗口中只有【栅格点】一个选项被选中。对应【捕捉】工具栏中的 按钮。

要点提示　【栅格和捕捉设置】窗口中的大部分选项都与【捕捉】辅助工具栏中的按钮相对应，在【栅格和捕捉设置】窗口中勾选某个选项时，对应的【捕捉】工具按钮就自动被激活了。

（2）单击创建命令面板中的 ／ ／ 矩形 按钮，此时在鼠标光标上出现了一个蓝色捕捉标记，在前视图中捕捉一个栅格点，确定矩形的一个角点，再捕捉对角的栅格点，松开鼠标左键，绘制一个矩形，形态如图 5-11 所示。

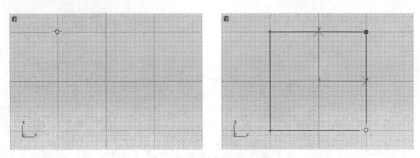

图 5-11　矩形的位置及形态

（3）单击视图控制区中的 按钮，将矩形在前视图中以最大化方式显示出来。

（4）单击 线 按钮，捕捉栅格点绘制一条闭合曲线，形态如图 5-12 所示。

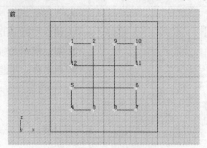

图 5-12 曲线型态

（5）捕捉各栅格点绘制矩形与曲线之间的连线，效果参见图 5-10。

（6）单击窗口左上方快速访问工具栏中的 按钮，将此场景保存为"5_03.max"文件。此场景的线架文件以相同名字保存在教学资源包中的"范例\CH05"目录中。

5.3.2 预设捕捉

3ds Max 2012 提供了多种捕捉方式，可以在绘图前进入【栅格和捕捉设置】面板中，勾选将要用到的捕捉方式，然后再进行图形的绘制，称为"预设捕捉"。本节将利用预设捕捉方式绘制效果如图 5-13 所示的门套装饰图形。

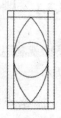

预设捕捉

（1）重新设定系统。单击主工具栏中的 按钮，并在此按钮上单 图 5-13 门套装饰线型态
击鼠标右键，在弹出的【栅格和捕捉设置】窗口中选择【顶点】和【中点】选项。也可以直接单击【捕捉】工具栏中的 和 按钮。

（2）激活前视图，单击 / / 矩形 按钮，利用键盘输入法在原点处分别创建一个长为"1550"、宽为"750"和长为"1350"、宽为"550"的矩形。

（3）捕捉两个矩形的节点绘制 4 个小矩形，效果如图 5-14 所示。

（4）单击 弧 按钮，分别捕捉小矩形的中点绘制 2 个圆弧，效果如图 5-15 所示。

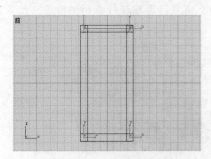

图 5-14 各矩形的位置

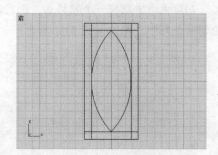

图 5-15 圆弧的位置

（5）单击 圆 按钮，在【创建方法】面板中选择【边】选项，捕捉小矩形的中点绘制

圆形，效果如图 5-16 所示。

（6）单击窗口左上方快速访问工具栏中的 按钮，将此场景保存为"5_04.max"文件。此场景的线架文件以相同名字保存在教学资源包中的"范例\CH05"目录中。

5.3.3　临时捕捉

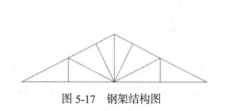
图 5-16　圆形的位置

临时捕捉的含义就是在作图时需要对某一点临时捕捉一次，这种方式对调用不常使用的捕捉方式来说非常方便，调用时需要配合键盘上的 Shift 键来完成。

下面就利用临时捕捉绘制一个钢架结构图，效果如图 5-17 所示。

临时捕捉

（1）重新设定系统。单击窗口左上方快速访问工具栏中的 按钮，打开教学资源包"范例\CH05"目录中 "5_05.max" 文件。

（2）单击 按钮，使其变为黄色激活状态，并在此按钮上单击鼠标右键，在打开的【栅格和捕捉设置】窗口中确认无选择项。

（3）单击 ✳ / 🔄 / 线 按钮，按住键盘上的 Shift 键，单击鼠标右键，此时可以松开 Shift 键，在弹出的快捷菜单中选择【Standard】/【中点】选项，如图 5-18 所示。

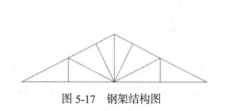
图 5-17　钢架结构图

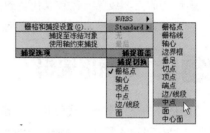
图 5-18　【中点】选项位置

（4）捕捉斜边中点，确定线段的第 1 点，如图 5-19 左图所示。利用相同方法选择【Standard】/【端点】选项，捕捉垂线的下端点，如图 5-19 中图所示。选择【Standard】/【垂足】选项，捕捉斜边上的重足，如图 5-19 右图所示。

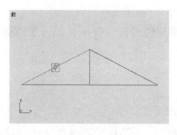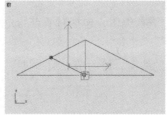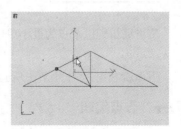
图 5-19　捕捉点的位置

（5）单击鼠标右键，完成画线。

（6）利用相同方法，捕捉斜边中点作为线段的第 1 点，再向下捕捉垂足，绘制线段的第 2

点，如图 5-20 所示，然后结束画线。

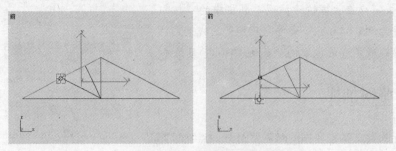

图 5-20　第 2 条线段的位置

（7）利用相同方法绘制另一侧的曲线，结果参见图 5-17。

（8）单击窗口左上方的 按钮，在下拉列表中选择【另存为】命令，将此场景保存为 "5_05_ok.max"
文件。此场景的线架文件以相同名字保存在教学资源包中的 "范例\CH05" 目录中。

【补充知识】

在 3ds Max 2012 中，空间位置捕捉可分为 （二维）捕捉、 （2.5 维）捕捉和 （三维）
捕捉，这些按钮都是重叠在一起的，各自的含义如下。

- （二维）捕捉：只捕捉当前视图中栅格平面上的曲线和无厚度的表面造型，对于
  有体积的造型则无效，通常用于平面图形的捕捉。
- （2.5 维）捕捉：这是一个介于二维与三维空间的捕捉设置，不但可以捕捉到当前
  平面上的点、线等，也可以捕捉到三维空间中的物体在当前平面上的投影。
- （三维）捕捉：直接在三维空间中捕捉所有类型的物体。

5.4　二维图形编辑

二维图形一般是由节点、线段和线型等元素组成的，这些元素又叫做子物体。在二维图形中，
除了【线】物体可以直接在其原始层进行子物体编辑外，其他参数化线型必须先进入修改命令面
板，然后在 修改器列表 下拉列表中找到【编辑样条线】选项，为二维图形进行编辑样条曲线
修改。下面就介绍常用的二维图形编辑方法。

5.4.1　节点编辑

节点编辑即以节点为最小单位进行编辑，包括对节点的光滑属性设置，打断、结合节点以及
加入节点等。

下面就利用 5.2.1 小节中所画的线型，练习节点编辑过程。

🔑　节点编辑

（1）重新设定系统。选择菜单栏中的【文件】/【打开】命令，打开教学资源包中的 "范例\
CH05\5_01.max" 文件。确认 按钮处于关闭状态。

（2）在前视图中选择线型，单击 按钮进入修改命令面板，再单击【选择】/ （顶点）
按钮，选择如图 5-21 左图所示的节点。

（3）在此节点上单击鼠标右键，在弹出的快捷菜单中选择【角点】类型，位置如图 5-21 中图所示，所选节点两侧的线显示为折线型态，如图 5-21 右图所示。

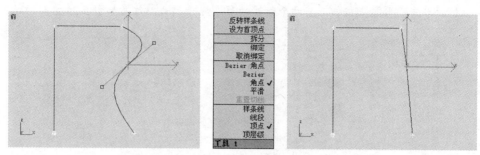

图 5-21　所选点的位置及改变后的形态

（4）在此节点上单击鼠标右键，在弹出的快捷菜单中选择【Bezier】（贝塞尔）点类型，此时节点的两侧会出现两条绿色的调节杆，如图 5-22 左图所示，单击主工具栏中的 ✛ 按钮，然后通过移动调节杆的位置来调整节点两侧曲线的状态，如图 5-22 右图所示。

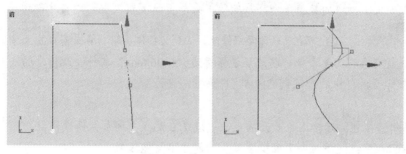

图 5-22　【Bezier】点类型

（5）按住鼠标左键向上拖曳修改命令面板，直至出现【几何体】面板。

（6）单击 ▭断开▭ 按钮，打断此节点，然后在断点处单击鼠标左键，选择一个节点进行移动，会发现在原节点处变为了两个节点，如图 5-23 所示。

（7）勾选【端点自动焊接】/【自动焊接】选项，单击如图 5-24 左图所示的节点，然后将其移动至右上方的节点上，使两个节点焊接为一个节点，如图 5-24 右图所示。

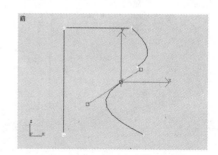

图 5-23　节点断开后的形态

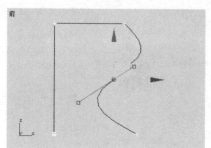 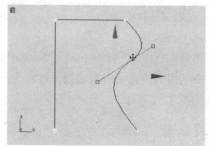

图 5-24　焊接两个节点

焊接节点还有另一种方法。

（8）选择底部的两个节点，位置如图 5-25 左图所示，在 焊接 按钮右侧的文本框内输入 "100"，然后单击 焊接 按钮，将两个断开的节点焊接起来，效果如图 5-25 右图所示。

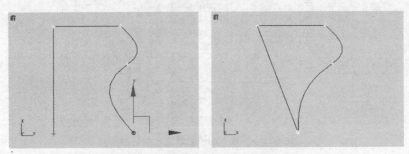

图 5-25 利用 焊接 按钮焊接节点

【自动焊接】与 焊接 按钮的区别在于，前者是将一个节点移动到另一个节点上进行焊接，而后者是两个节点同时移动进行焊接。在使用 焊接 按钮进行焊接时，其右侧文本框内的数值（即焊接阈值）要尽量设置得大些，这样才能保证焊接成功。

（9）单击 按钮，退出节点子物体层级修改，回到父物体层级，单击窗口左上方的 按钮，在下拉列表中选择【另存为】命令，将此场景保存为 "5_06.max" 文件。此场景的线架文件以相同名字保存在教学资源包中的 "范例\CH05" 目录中。

【补充知识】

- 连接 按钮：连接两个断开的点，也就是在两点之间加入新线段。
- 插入 按钮：插入一个或多个节点，创建出其他线段。
- 圆角 和 切角 按钮：对所选节点进行加工，形成圆角或切角效果，如图 5-26 所示。

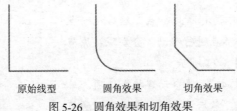

原始线型　　　　圆角效果　　　切角效果

图 5-26 圆角效果和切角效果

5.4.2 线段编辑

线段编辑是以线段为最小单位进行编辑，可对线段进行拆分等操作。下面利用窗顶花格图案的制作过程为例，讲述线段编辑方法，效果如图 5-27 所示。

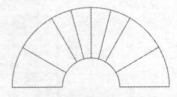

图 5-27 窗顶花格图案

线段编辑

（1）重新设定系统。激活前视图，单击 / 弧 按钮，利用键盘输入创建方法，创建一个【半径】值为"150"的半圆弧。

（2）将【对象类型】面板中的【开始新图形】选项勾选取消，使下面创建的线型与圆弧成为一个线型。

（3）利用键盘输入法再创建一个【半径】值为"55"的半圆弧。

（4）单击 按钮进入修改命令面板，单击【选择】/ （线段）按钮，在前视图中选择如图 5-28 左图所示的两段线段子物体。

（5）在【几何体】面板中，将 拆分 按钮右侧文本框内的数值设为"3"，然后单击 拆分 按钮，所选线段子物体就被平分为 4 段，如图 5-28 右图所示。

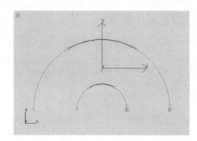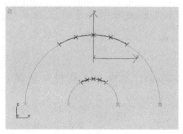

图 5-28　所选线段子物体的位置及拆分效果

（6）选择菜单栏中的【编辑】/【反选】命令，反向选择其余线段子物体，将 拆分 按钮右侧的文本框内的数值设为"1"，然后单击 拆分 按钮，将所选线段子物体平分为两段。

（7）单击 横截面 按钮，将鼠标光标放在一个线段子物体上，此时鼠标光标形态如图 5-29 左图所示，单击鼠标左键，拖曳鼠标光标到外侧圆弧的一条线段子物体上，如图 5-29 中图所示，再单击鼠标左键，此时在内外圆弧的节点间就出现了连线，效果如图 5-29 右图所示。

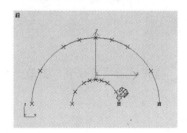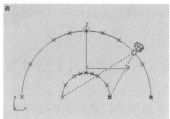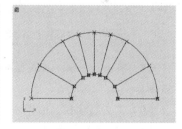

图 5-29　连线操作过程

（8）单击鼠标右键，完成连线操作。

（9）单击窗口左上方快速访问工具栏中的 按钮，将此场景另存为"5_07.max"文件。此场景的线架文件以相同名字保存在教学资源包中的"范例\CH05"目录中。

5.4.3　线型编辑

线型编辑即以线型为最小单位进行编辑修改，可以对线型进行镜像修改、制作线型轮廓线等，其中比较常用的是二维布尔运算功能。

下面以一个花窗的制作过程来讲述二维布尔运算的使用方法，效果如图 5-30 所示。

图 5-30　花窗形态

8. 线型编辑

（1）重新设定系统。选择菜单栏中的【文件】/【打开】命令，打开教学资源包中的"范例\CH05\5_08.max"文件。

（2）选择小矩形，单击 ∅ 按钮进入修改命令面板，在 修改器列表 ▾ 下拉列表中选择【编辑样条线】修改命令，为其添加编辑样条曲线修改。

（3）在【几何体】面板中，单击 附加 按钮，选择扇形，将其结合到当前矩形中。

（4）单击【选择】/ ⌒ （样条线）按钮，在前视图中选择小矩形线型子物体。

（5）确认【几何体】面板中的 ⊘ 按钮为黄色激活状态，再单击其左侧的 布尔 按钮，拾取扇形，将小矩形和扇形做布尔并运算，效果如图 5-31 左图所示。

（6）重复上面部分，将线型与大矩形结合为一体，再进行布尔并运算，效果如图 5-31 右图所示。

（7）单击 ⁄ 按钮，删除部分线段，效果如图 5-32 所示。

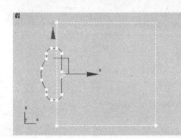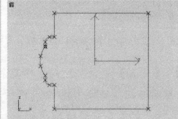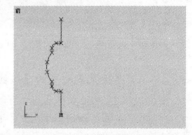

图 5-31　布尔并运算结果　　　　　　　　　　　　　　图 5-32　删除多余线段

 在进行布尔运算时，如果并运算不成功，可选择线型，单击【几何体】/ 反转 按钮，反转节点的顺序方向，然后再进行布尔并运算，但有时是软件自身问题，需要多进行几次布尔运算操作，才能得到想要的效果。

（8）单击 ⌒ 按钮，将线型旋转复制，然后利用【顶点】捕捉，捕捉顶点对齐位置，结果如图 5-33 所示。

（9）单击 ⁚ 按钮，选择左上角的顶点，将其焊接成一个点。

（10）再单击 ⌒ 按钮，选择线型， 镜像 按钮右侧的 ∅ 按钮为黄色激活状态，再勾选其下的【复制】选项，然后单击 镜像 按钮，将线型进行双向镜像复制，效果如图 5-34 左图所示。

（11）利用节点捕捉，将镜像后的线型移动位置，结果如图 5-34 右图所示。

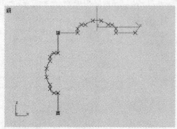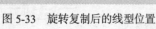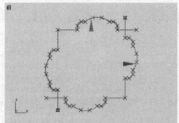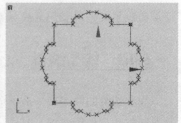

图 5-33　旋转复制后的线型位置　　　　　　　　　图 5-34　双向镜像结果及移动位置

（12）单击 ⁚ 按钮，选择右上和左下的节点，将其焊成一点。

（13）单击⌃按钮，选择线型，在 **轮廓** 按钮右侧的文本框内输入数值"10"，为其做出轮廓。

（14）单击⌃按钮，使其关闭，效果参见图 5-30。

（15）单击窗口左上方的◉按钮，在下拉列表中选择【另存为】命令，将此场景另存为"5_08_ok.max"文件。此场景的线架文件以相同名字保存在教学资源包中的"范例\CH05"目录中。

【补充知识】

布尔运算有 3 种方式：并运算、交运算和差运算。

- ◉（并运算）：布尔并运算就是结合两个造型涵盖的所有部分。
- ◉（差运算）：布尔差运算就是用第 1 个被选择的造型减去与第 2 个造型相重叠的部分，剩余第 1 个造型的其余部分。
- ◉（交运算）：布尔交运算就是保留两个造型相互重叠的部分，其他部分消失。

3 种布尔运算方式结果如图 5-35 所示。

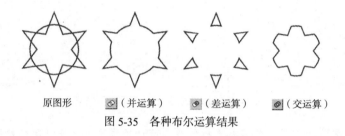

原图形　　◉（并运算）　　◉（差运算）　　◉（交运算）

图 5-35　各种布尔运算结果

利用 **镜像** 按钮可以对所选择的曲线进行◨◨（水平）镜像、▤（垂直）镜像以及◈（双向）镜像操作。如果在镜像前勾选其下的【复制】选项，则会产生一个镜像复制品，效果如图 5-36 所示。

原图形　　◨◨水平　　▤垂直　　◈双向

图 5-36　各种镜像效果

5.4.4　剪切与延伸

剪切与延伸工具多用于加工复杂交叉的曲线，使用这些工具可以轻松地打掉交叉或重新连接交叉点，被打掉交叉的断点处会自动重新闭合，常用来加工字型或复杂图形。

下面就利用一个门图案的制作过程来讲述剪切与延伸功能的使用方法，制作结果如图 5-37 所示。

⚿ 剪切与延伸

（1）重新设定系统。单击窗口左上方快速访问工具栏中的◉按钮，打开教学资源包中的"范例\CH05\5_09.max"文件。

（2）激活前视图，选择门内的矩形，单击 ✐ 按钮进入修改命令面板，在 修改器列表 ▾ 下拉列表中选择【编辑样条线】命令，为其添加编辑样条曲线修改。

（3）在【几何体】面板中，单击 附加 按钮，然后选择棱形曲线，将其结合到矩形曲线中，使场景中的曲线成为一个整体。

（4）单击 附加 按钮，关闭此按钮。

（5）单击【选择】/ ⌒ 按钮，在前视图中选择棱形线型子物体，再单击【几何体】面板中的 炸开 按钮，将其打散。

（6）单击 延伸 按钮，将鼠标光标放在炸开后的线段上，此时鼠标光标形态如图 5-38 左图所示，单击鼠标左键，将线段向矩形边处延伸，效果如图 5-38 中图所示。

图 5-37 门图案形态

（7）利用相同方法，为其他线段做延伸处理，效果如图 5-38 右图所示。

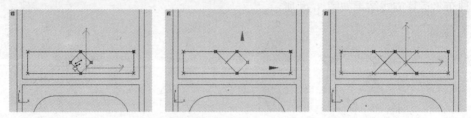

图 5-38 鼠标光标形态及延伸后的结果

（8）单击 修剪 按钮，将鼠标光标放在要剪切的线段上，此时鼠标光标形态如图 5-39 左图所示，单击鼠标左键，剪切掉该线段，然后用相同方法修剪其余线段，结果如图 5-39 右图所示。

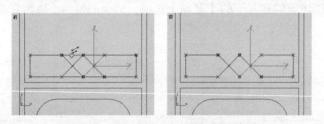

图 5-39 鼠标光标形态及剪切后的效果

（9）单击【选择】/ ⸪ 按钮，在前视图中选择修剪处的非闭合节点，在【几何体】面板中，确认 焊接 按钮右侧文本框内的数值大于"0.1"，然后单击 焊接 按钮，焊接所有的点，使修改后的线段结合为一条线型。

（10）选择如图 5-40 左图所示的节点，将圆角值设为"5"，为其制作圆角，结果如图 5-40 右图所示。

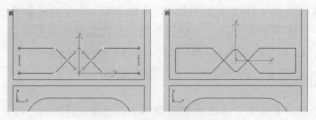

图 5-40 为节点设置圆角效果

（11）单击 ∧ 按钮，选择修剪后的样条线，在 轮廓 按钮右侧的文本框内输入数值"－4"，为其做出轮廓。

（12）单击 ∧ 按钮，使其关闭，然后将线型向上移动复制结果如前图 5-37 所示。

（13）单击窗口左上方的 ⊙ 按钮，在下拉列表中选择【另存为】命令，将此场景另存为"5_09_ok.max"文件。此场景的线架文件以相同名字保存在教学资源包中的"范例\CH05"目录中。

5.5　制作吉祥如意牌

利用本章所介绍的二维画线及修改功能制作一个如图 5-41 所示的吉祥如意牌。

图 5-41　吉祥如意牌效果

☛　剪切与延伸

（1）重新设定系统。绘制棱形，制作如意牌轮廓，制作流程如图 5-42 所示。

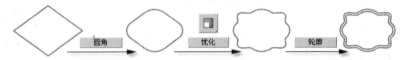

图 5-42　如意牌轮廓的制作过程

（2）利用圆环和矩形添加细节并书写文字，制作流程图如图 5-43 所示。

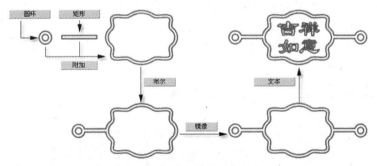

图 5-43　制作细节并添加文字

（3）单击窗口左上方的 ⊙ 按钮，在下拉列表中选择【另存为】命令，将此场景另存为"5_10.max"文件。此场景的线架文件以相同名字保存在教学资源包中的"范例\CH05"目录中。

5.6　直接三维生成法

在创建二维线型时，勾选其【渲染】面板中的【在渲染中启用】选项，可将二维线型转换成圆形或矩形截面的网格物体进行渲染，并可调节截面外观。

直接转换法

（1）重新设定系统。选择菜单栏中的【文件】/【打开】命令，打开教学资源包中的"范例\CH05\5_07.max"场景文件，此时二维线型渲染时不可见。

（2）选择线型，单击按钮进入修改命令面板，勾选【渲染】面板中的【在渲染中启用】选项，将【厚度】值设为"7"，渲染透视图，效果如图5-44所示。

（3）点选【矩形】选项，将【长度】值设为"50"、【宽度】值设为"2"，渲染透视图，此时线型以矩形截面方式渲染，效果如图5-45所示。

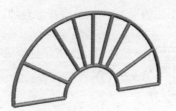

图5-44　透视图渲染效果　　　　图5-45　矩形截面渲染效果

【补充知识】

【渲染】面板形态如图5-46所示。其常用参数解释如下。

- 【在渲染中启用】：选择此选项，可将二维线型渲染为三维网格物体。
- 【在视口中启用】：选择此选项，在视图中将二维线型以可渲染的实体方式显示二维线型。
- 【径向】：以圆柱体方式渲染二维线型。

  【厚度】：设置圆形截面的直径。

  【边】：设置圆形截面的边数，如值为3时，其截面就是三角形。
- 【矩形】：以长方体方式渲染二维线型。

图5-46　【渲染】面板形态

5.7　轮廓线型类三维生成法

该类转换法需要借助一些专用修改器来完成转换任务，常用的修改器有【车削】修改器、【倒角剖面】修改器、【挤出】修改器和【倒角】修改器，这些修改器都是专门用来生成某一类物体而定制的，例如【车削】修改器专用于生成轴向旋转类物体，包括花瓶、圆桶和碗等物体。

本节将以一个雕塑场景为例，逐个介绍这些修改命令的使用方法，效果如图5-47所示。

5.7.1　【车削】修改功能

图5-47　雕塑效果

【车削】修改功能可以通过旋转一个二维图形而产生三维物体，施加该命令后，通常都需要调节对齐轴向与对齐位置，才能得到正确结果。下面就利用此功能创建雕塑底座物体。

车削修改功能

（1）重新设定系统。利用二维画线画出底座截面，并设置圆角。

（2）为截面添加车削修改功能，制作流程图如图 5-48 所示。

图 5-48 底座制作流程图

（3）选择菜单栏中的【文件】/【保存】命令，将此场景保存为"5_11.max"文件。此场景的线架文件以相同名字保存在教学资源包的"范例\CH05"目录中。

【补充知识】

车削修改功能的【参数】面板如图 5-49 所示。

- 【度数】：设置旋转角度，360° 是一个完整的环形，小于 360° 为不完整的扇形，形态如图 5-50 所示。

- 【分段】：设置旋转圆周上的片段划分数，值越高，物体越光滑。

- 【方向】：设置旋转中心轴的方向，如果选择的轴向不正确，物体就会产生扭曲。

图 5-49 旋转修改功能的【参数】面板

- 【平滑】：勾选此选项后，系统会自动平滑物体的表面，产生光滑过渡，否则会产生硬边，如图 5-51 所示。

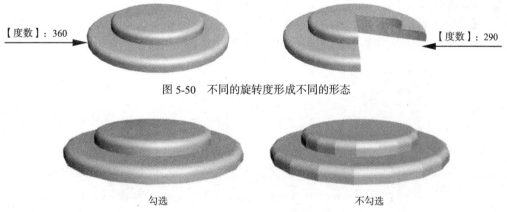

【度数】：360   【度数】：290

图 5-50 不同的旋转度形成不同的形态

勾选   不勾选

图 5-51 勾选【平滑】前后的效果

5.7.2 【倒角剖面】修改功能

使用【倒角剖面】建模方法需要两条二维线型，一条是主体线，另一条是剖面轮廓线，这两个图形可以是闭合的，也可以是开放的。在制作完成后，剖面轮廓线不能删除，否则生成的三维物体将失去轮廓厚度。下面就利用【倒角剖面】修改功能创建如图 5-52 所示的物体。

图 5-52　倒角剖面效果

倒角剖面修改功能

（1）继续上一场景或打开教学资源包中的"范例\CH05\5_11.max"场景文件。

（2）在视图中绘制一条直线和一个圆环，并分别修改形状，形成轮廓线和轮廓，然后在【修改器列表】下拉列表中选择【倒角剖面】修改命令，制作倒角剖面物体，制作流程如图 5-53 所示。

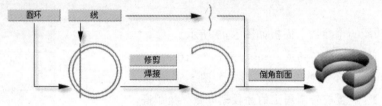

图 5-53　倒角剖面的制作过程

（3）选择菜单栏中的【文件】/【另存为】命令，将此场景另存为"5_12.max"文件。此场景的线架文件以相同名字保存在教学资源包中的"范例\CH05"目录中。

【补充知识】

倒角轮廓的【参数】面板形态如图 5-54 所示。

- 拾取剖面 按钮：激活此按钮，拾取外轮廓线。
- 【封口始端】：在顶端加面，封盖物体。
- 【封口末端】：在底端加面，封盖物体。效果如图 5-55 所示。

图 5-54　倒角轮廓的【参数】面板形态　　图 5-55　取消【封口末端】的勾选效果

5.7.3　【挤出】修改功能

【挤出】修改功能即为一条闭合曲线图形增加厚度，将其挤出，生成三维实体，如果是为一条非闭合曲线进行挤出处理，那么挤出后的物体就会是一个面片。

下面就利用【挤出】修改功能创建雕塑中的支柱物体，效果如图 5-56 所示。

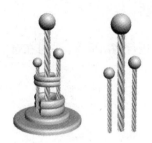

图 5-56 挤出修改效果

挤出修改功能

（1）继续上一场景或打开教学资源包中的"范例\CH05\5_12.max"场景文件。

（2）创建星形，为其添加【挤出】修改，形成支柱形态，然后再为其进行【扭曲】修改，在顶部创建一个球体，形成完整的支柱物体，制作流程如图 5-57 所示。

图 5-57 支柱物体的制作流程

（3）将支柱物体进行复制，并修改大小，效果参见图 5-56 右图。

（4）将上节所做的倒角剖面物体向上复制一个，并对其进行三维缩小，位置参见图 5-56 左图。

（5）单击窗口左上方的 按钮，在下拉列表中选择【另存为】命令，将此场景另存为"5_13.max"文件。此场景的线架文件以相同名字保存在教学资源包中的"范例\CH05"目录中。

【补充知识】

【挤出】修改功能的【参数】面板形态如图 5-58 所示。

图 5-58 【挤出】修改的【参数】面板

- 【数量】：设置挤出的厚度。
- 【分段】：设置挤出厚度上的片段划分数。

5.7.4 【倒角】修改功能

【倒角】修改功能是对二维图形进行挤出成形，并且在挤出的同时，在边界上加入直形或圆形的倒角，一般用来制作文字标志。

下面利用【倒角】修改功能创建雕塑中的海豚物体，效果如图 5-59 所示。

图 5-59　倒角修改效果

🔑 挤出修改功能

（1）继续上一场景或打开教学资源包中的"范例\CH05\5_13.max"场景文件。

（2）画出海豚的轮廓，再进行节点编辑修改，形成圆滑过渡效果，最后为其添加倒角修改，制作流程如图 5-60 所示。

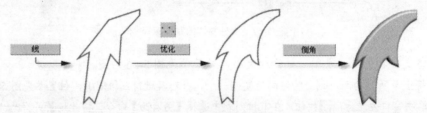

图 5-60　海豚制作流程图

 为二维线型进行倒角修改时，此二维线型必须是闭合线型，否则倒角形成的三维物体就是一个开放的面片物体，形态如图 5-61 所示，而不是一个闭合的三维实体。

（3）将海豚物体进行移动、旋转复制，并进行三维缩小，使海豚大小不一，最终效果参见图 5-59 左图。

（4）单击窗口左上方的 🔘 按钮，在下拉列表中选择【另存为】命令，将此场景另存为"5_14.max"文件。此场景的线架文件以相同名字保存在教学资源包的"范例\CH05"目录中。

图 5-61　非闭合线型倒角后的形态

【补充知识】

【倒角】修改功能的参数面板分为【参数】面板和【倒角值】面板。

（1）【参数】面板。【参数】面板形态如图 5-62 所示。

常用参数解释如下所示。

- 【线性侧面】：设置倒角内部片段划分为直线方式。
- 【曲线侧面】：设置倒角内部片段划分为曲线方式。效果如图 5-63 所示。
- 【分段】：设置倒角内部的片段划分数，多的片段数划分主要用于弧形倒角，如图 5-64 所示。

图 5-62　【参数】面板形态

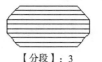

【线性侧面】　　　【曲线侧面】　　　　　　　【分段】：1　　　　　【分段】：3

图 5-63　线性倒角与弧形倒角效果　　　　图 5-64　不同分段数的倒角效果

（2）【倒角值】面板。【倒角值】面板形态如图 5-65 所示。

- 【起始轮廓】：设置原始图形的外轮廓大小，值为"0"时，将以原始图形为基准进行导角。
- 【级别 1】、【级别 2】、【级别 3】：分别设置 3 个级别的高度和轮廓。

图 5-65　【倒角值】面板形态

5.8　截面加路径类转换法

在 3ds Max 的早期版本中，只有一个【放样】命令是属于截面加路径类转换法，放样的概念就是先建立一个二维截面，之后使其沿一条路径生长，从而得到三维物体的过程。为了简化放样功能的操作过程，3ds Max 2012 单独设置了一个【扫描】修改命令，它是【放样】功能的简化版。本节将重点介绍这类转换法的基本使用方法。

5.8.1　【扫描】转换法

【扫描】修改器允许使用内置的一些截面，沿用户给定的一条路径进行生长，从而生成三维造型的一种修改命令。截面线形也可以由用户指定，此时该功能就类似于放样建模。

在创建结构钢细节、建模细节或任何需要沿着样条线挤出截面的情况时，【扫描】修改器非常有用。

下面就利用【扫描】转换法为已有场景制作窗边及屋脊，效果如图 5-66 所示。

图 5-66　窗边及屋脊效果

☞ 扫描转换法

（1）重新设定系统。单击窗口左上方快速访问工具栏中的 按钮，打开教学资源包中的"范例\ CH05\5_15.max"场景文件。

（2）选择"SlidingWindow06"物体，即左侧副楼的窗户，单击鼠标右键，在弹出的快捷菜单栏中选择【孤立当前选择】选项，在视图中只显示选择的物体，如图 5-67 所示。

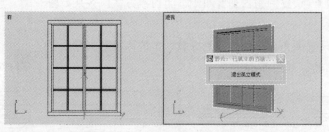

图 5-67　【孤立当前选择】结果

【孤立当前选择】选项是将当前选择的物体最大化地显示在视图上，同时隐藏全部其他未选择的物体，主要用于对单个物体进行细节编辑，在大场景的制作中非常有用，可以加快屏幕刷新速度。但需要注意的是，【孤立当前选择】选项只能对选择的物体应用，不能孤立选择的子物体，也就是说当前处在物体的子物体编辑状态时，不能使用此命令。

（3）单击 ／ ／ 矩形 按钮，利用【顶点】捕捉在前视图中捕捉窗户边缘的顶点并绘制一个矩形，如图 5-68 所示。

（4）单击 按钮，进入修改命令面板。单击 修改器列表 下拉列表，从中选择【扫描】修改命令，为矩形施加扫描修改，形成窗边效果。各面板中的参数设置如图 5-69 所示，窗边效果如图 5-70 所示。

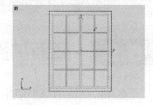

图 5-68　捕捉顶点绘制矩形

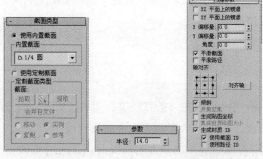

图 5-69　扫描修改器各面板中的参数设置

图 5-70　窗边效果

（5）在【警告】对话框中单击 退出孤立模式 按钮，退出孤立模式，并利用相同方法为其他窗户制作窗边。

（6）单击 线 按钮，捕捉屋顶顶点并绘制一条水平直线，位置如图 5-71 所示。

（7）在修改命令面板中为直线施加扫描修改，在【截面类型】面板中选择【内置截面】／ 三通类型，其余参数设置如图 5-72 所示。此时经过扫描修改的直线就形成屋脊效果，其截面形态如图 5-73 所示。

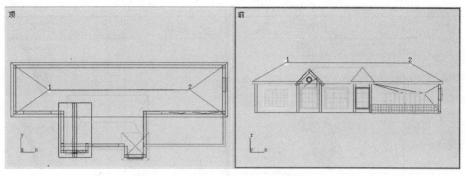

图 5-71　屋顶线的位置

图 5-72　扫描修改的参数设置

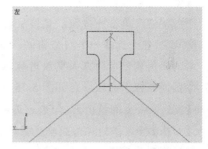

图 5-73　屋脊的截面形态

（8）单击窗口左上方的◎按钮，在下拉列表中选择【另存为】命令，将此场景另存为"5_15_ok.max"文件。此场景的线架文件以相同名字保存在教学资源包中的"范例\CH05"目录中。

【补充知识】

【扫描】修改器有两个固定的参数面板，即【截面类型】面板和【扫描参数】面板。

（1）【截面类型】面板形态如图 5-74 所示。

图 5-74　【截面类型】面板形态

- 【使用内置截面】：选择该选项可使用一个内置的备用截面。内置截面类型设置如表 5-3 所示。选择某一个截面后，在修改命令面板中会出现对应这个截面的【参数】面板，以此来修改截面的尺寸。

表 5-3　　　　　　　　　　　　　内置截面类型

类型	图例	类型	图例
角度		管道	
条		1/4 圆	

续表

类型	图例	类型	图例
通道		三通	
圆柱体		管状体	
半圆		宽法兰	

- 【使用定制截面】：选择此选项，可以选择自己创建的图形作为截面。

  拾取 按钮：单击此按钮，直接从场景中拾取图形。

  提取 按钮：选择一个扫描物体，单击此按钮，可以以副
  本、实例或参考的方式提取出截面。

（2）【扫描参数】面板形态如图 5-75 所示。

- 【XZ 平面上的镜像】：勾选此选项后，截面相对于应用
  【扫描】修改器的样条线垂直翻转，如图 5-76 中图所示。
  默认设置为禁用。

- 【XY 平面上的镜像】：勾选此选项后，截面相对于应用
  【扫描】修改器的样条线水平翻转，如图 5-76 右图所示。
  默认设置为禁用。

图 5-75　【扫描参数】面板形态

原物体　　　　　截面垂直翻转　　　　截面水平翻转

图 5-76　截面翻转比较

- 【角度】：用于设置相对于基本样条线所在的平面旋转截面，如图 5-77 所示。

图 5-77　截面旋转—30° 时的形态

- 【平滑截面】：沿截面的边界平滑曲面。默认设置为启用。
- 【平滑路径】：沿样条线的长度平滑曲面。默认设置为启用，效果如图 5-78 所示。
- 【轴对齐】：提供将截面与路径对齐的 2D 栅格。单击其下方的 9 个按钮，可以使截
  面的轴围绕路径移动。

平滑路径前　　　　　　　　平滑路径后

图 5-78　平没路径前后效果比较

- 　对齐轴　按钮：单击此按钮，在视图中显示 3×3 的对齐栅格、截面和路径。对齐结果满意后，再关闭　对齐轴　按钮，可以查看结果。

5.8.2　【放样】转换法

有一些外形复杂的物体，如形态各异的现代派雕塑、支撑柱造型等，很难通过对基本体进行组合或修改而生成，而【放样】功能却可以较为容易地完成这些复杂的造型。放样物体中的截面和路径可以是直线，也可以是曲线，可以使用封闭的线段，也可以使用不封闭的线段。

下面就利用放样的变形修改功能制作一个雕塑，如图 5-79 所示。

图 5-79　雕塑效果

🔑　放样转换法

（1）重新设定系统。分别单击 ☀ / ⬡ / 　星形　 按钮和 　椭圆　 按钮，在顶视图中创建一个星形和一个椭圆，其参数设置如图 5-80 所示。

图 5-80　星形及椭圆的参数设置

（2）单击　线　按钮，在前视图中绘制一条垂直线段，单击 ☀ / ○ / 标准基本体 ▼ 下拉列表，选择其中的 复合对象 ▼ 选项。

（3）单击　放样　按钮，在【创建方法】面板中单击 获取图形 按钮，在视图中拾取星形，此时基本放样物体已经产生。

（4）在【路径参数】面板中，将【路径】值设为"100"，然后单击 获取图形 按钮，在视图中再点取椭圆形截面。此时透视图中的放样物体形态如图 5-81 所示。

（5）单击 ✎ 按钮，进入修改命令面板，展开【变形】面板，单击　缩放　按钮，打开【缩放变形】窗口。

（6）单击【缩放变形】窗口工具栏中的 — 按钮，分别在直线上加入控制点，并调整控制点的位置及形态，如图 5-82 所示。

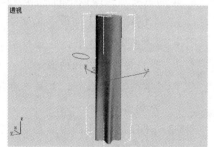

图 5-81　放样结果

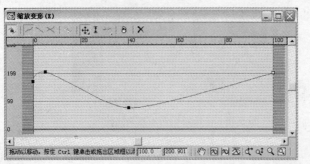

图 5-82　【缩放变形】窗口中的设置及修改效果

（7）单击　扭曲　按钮，打开【扭曲变形】窗口，同样为其加点并移动控制点的位置，效果如图 5-83 所示。

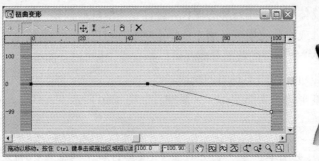

图 5-83　【扭曲变形】窗口中的设置及修改效果

（8）单击窗口左上方的 按钮，在下拉列表中选择【另存为】命令，将此场景另存为"5_16.max"文件。此场景的线架文件以相同名字保存在教学资源包中的"范例\CH05"目录中。

【补充知识】

对二维线型进行放样建模后，在修改命令面板中会出现如下几个与放样相关的参数面板。

- 【创建方法】面板
- 【曲面参数】面板
- 【路径参数】面板
- 【蒙皮参数】面板
- 【变形】面板

下面就对这些面板中的常用参数进行解释。

（1）【创建方法】面板形态如图 5-84 所示。

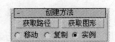

图 5-84　【创建方法】面板

- 获取路径 按钮：在放样前如果先选择的是截面图形，请单击此按钮，在视图中选择将要作为路径的图形。
- 获取图形 按钮：如果先选择的是路径图形，请单击此按钮，在视图中选择将要作为截面的图形。

（2）【曲面参数】面板形态如图 5-85 所示。

- 【平滑】栏部分。

　【平滑长度】：对长度方向的表面进行光滑处理。

【平滑宽度】：对宽度方向的表面进行光滑处理。

（3）【路径参数】面板形态如图 5-86 所示。

- 【路径】：在这里设置插入点在路径上的位置，以此来确定将要获取的截面在放样物体上的位置。
- 【百分比】：全部路径的总长为 100%，根据百分比来确定插入点的位置。
- 【距离】：以全部路径的实际长度为总数，根据实际距离确定插入点的位置。

（4）【蒙皮参数】面板形态如图 5-87 所示。

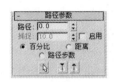

图 5-85　【曲面参数】面板　　　图 5-86　【路径参数】面板　　　图 5-87　【蒙皮参数】面板

- 【封口】栏：控制放样物体的两端是否封闭。效果如图 5-88 所示。

全部封口　　　　取消【封口始端】　　　取消【封口末端】

图 5-88　不同【封口】开放效果

- 【选项】栏部分。

【图形步数】：设置截面图形顶点之间的步幅数，值越大，物体表皮越光滑。

【路径步数】：设置路径图形顶点之间的步幅数，值越大，造型弯曲越光滑。效果如图 5-89 所示。

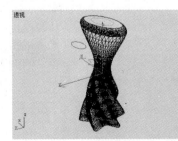

两个步数：1　　　　　　　　　　　　　两个步数：5

图 5-89　不同步数值的效果

● 【显示】栏部分。

【蒙皮】：勾选此选项，将在视图中以网格方式显示它的表皮造型。效果如图 5-90 所示。

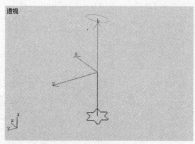

不勾选【蒙皮】   勾选【蒙皮】

图 5-90 【蒙皮】效果

【蒙皮于着色视图】：勾选此选项，将在实体着色（平滑＋高光）模式下的视图中显示它的表皮造型。

（5）【变形】面板形态如图 5-91 所示，其中提供了 5 个变形工具，在它们的右侧都有一个 💡 按钮，如果此按钮为 💡 即为开启状态，表示正在发生作用，否则对放样造型不产生影响，但其内部的设置仍保留。

- 缩放：通过改变截面图形在 x、y 轴向上的缩放比例，使放样物体发生变形所示。

- 扭曲：通过改变截面图形在 x、y 轴向上的旋转比例，使放样物体发生螺旋变形。

图 5-91 【变形】面板

5.9 制作仿古椅

下面综合本章所讲内容，创建如图 5-92 所示的仿古椅物体。

图 5-92 仿古椅效果

制作仿古椅

（1）重新设定系统。单击窗口左上方快速访问工具栏中的 按钮，打开教学资源包中的"范例\CH05\5_17.max"场景文件。

（2）先利用【扫描】修改器创建椅背的边框，再创建胶囊物体，为其添加【FFD（长方体）】修改，形成椅背，制作流程如图 5-93 所示。

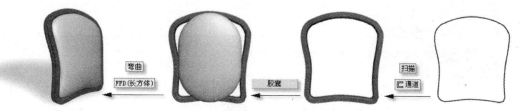

图 5-93　椅背的制作流程

（3）利用【放样】功能生成椅子腿，再利用【挤出】修改创建椅座边框，制作流程如图 5-94 所示。

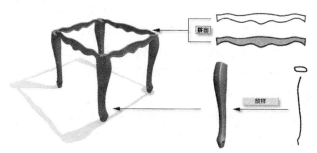

图 5-94　椅子腿及椅座边框的制作过程

（4）利用【放样】功能创建扶手，制作过程如图 5-95 所示。

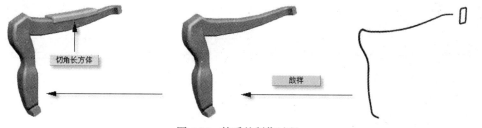

图 5-95　扶手的制作过程

（5）添加细节，并将各零件组合成完整的椅子物体，制作流程如图 5-96 所示。

图 5-96　组合形成完整的椅子

（6）单击窗口左上方的⑤按钮，在下拉列表中选择【另存为】命令，将此场景另存为"5_17_ok.max"文件。此场景的线架文件以相同名字保存在教学资源包中的"范例\CH05"目录中。

小结

本章主要介绍了以下 3 部分内容。

（1）各种二维线型的创建方法。这部分内容既包括了徒手画线方法与键盘输入画线方法，又包括了参数化二维线型的创建方法，不同的创建方法使用的场合不同。徒手画线法常用于创建不规则的曲线图形；正交画线法常用于创建垂直或水平二维图形；键盘输入法常用于创建建筑平面图等有固定尺寸的二维图形。

（2）捕捉画线法。本章详细介绍了 3ds Max 2012 中的捕捉功能，根据实际工作的需要将各种捕捉功能细分为栅格点捕捉、预设捕捉、运行中捕捉和临时捕捉。在实际绘图过程中，使用频率较高的是运行中的捕捉方式，因此熟记常用的捕捉快捷键可以有效提高作图效率。

（3）二维图形编辑。在曲线编辑中，节点编辑是操作频率较高的一种操作对象，而选择何种节点属性又是节点操作中的关键步骤，要多体会各种节点属性的含义及用途，了解这些属性的适用范围，只有这样才能在节点编辑时达到得心应手的运用程度。

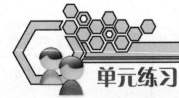

单元练习

一、填空题

1. 二维图形创建面板中的【开始新图形】选项默认是勾选的，表示每建立一个曲线，都作为_____，如果取消勾选，那么建立的多条曲线都将作为_____。

2. 二维图形一般是由_____、_____和_____等元素组成的。

3. 临时捕捉的含义就是在作图时需要对某一点临时捕捉一次，这需要配合键盘上的_____键来完成。

4. 在二维图形中，除了曲线可以直接在其原始层进行子物体编辑外，其他曲线必须添加_____命令才能进行修改。

二、选择题

1. 快捷键 S 的作用是打开/关闭_____捕捉。

    A. 3 维   B.【栅格点】   C.【端点】   D.【中点】

2. ＿＿＿＿＿＿＿是二维布尔差集运算。

A. 　　　　B.　　　　C.

3. ＿＿＿＿＿＿＿按钮是【编辑样条线】修改命令中的节点编辑。

A.　　　　B.　　　　C.　　　　D.

三、问答题

1. 简述（二维）捕捉、（2.5 维）捕捉和（三维）捕捉含义。

2. 简述【自动焊接】与焊接按钮的区别。

四、操作题

1. 利用二维布尔运算制作如图 5-97 所示的齿轮轮廓。此场景的线架文件以"Lx05_01.max"为名保存在教学资源包的"习题场景"目录中。

2. 利用二维线型绘制如图 5-98 所示的栏杆图形。此场景的线架文件以"Lx05_02.max"为名保存在教学资源包的"习题场景"目录中。

图 5-97　齿轮轮廓线

图 5-98　栏杆形态

第6章

NURBS 曲面高级建模

NURBS（非均匀有理数 B-样条线）曲面建模是一种方便快捷的建模方法，它已逐渐成为工业曲面设计和造型的标准，特别适合创建由复杂曲线构成的表面。由 NURBS 功能模块所创建的 NURBS 造型是应用解析运算来计算曲面的，速度非常快，而且边缘平滑，消除了网格物体以直代曲的棱角边缘效果。

6.1 NURBS 曲面的原理与概念

3ds Max 2012 提供了 NURBS 曲面和曲线建模工具。NURBS 尤其适用于使用复杂的曲线建模曲面，这是因为它们很容易交互操纵，且创建它们的算法效率高，计算稳定性好。

虽然也可以使用多边形网格或面片来建模曲面，但与 NURBS 曲面作比较，网格和面片具有以下缺点。

- 使用多边形很难创建复杂的弯曲曲面。
- 由于网格为面状形态，出现在渲染物体的边上时会产生棱角效果，为了消除这种硬边，必须用大量的小面来填充，形成平滑的弯曲边，这样就会在无形中增加计算机的负荷。

同时，NURBS 曲面是解析生成的，可以更加有效地进行计算，并且可显示为无缝的 NURBS 曲面。

6.2 基本 NURBS 曲面

3ds Max 2012 提供了两种基本 NURBS 曲面造型，类似网格物体中的平面物体，但它们的性质却完全不同，本节将重点介绍如何创建这些基本 NURBS 曲面以及将基本体转换成 NURBS 曲面的操作方法。

6.2.1　创建基本 NURBS 曲面

在 / / NURBS 曲面 命令面板中，有两个 NURBS 标准曲面：【点曲面】和【CV 曲面】。激活相应按钮后，可在视图中拖曳生成 NURBS 表面。

- 点曲面 ：由矩形点阵列构成的曲面，这些点都依附在曲面上。进入修改命令面板后，单击修改器堆栈中的 按钮，进入其下的子对象层级，进行节点移动。点曲面形态如图 6-1 所示。

- CV 曲面 ：也称为可控点曲面，由具有控制能力的点组成的曲面，这些点不存在于曲面上，但对曲面有控制能力。单击修改器堆栈中的 按钮，进入其下的子对象层级，进行控制点移动，即权重设置。可控点曲面形态如图 6-2 所示。

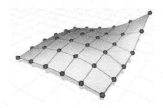
图 6-1　点曲面的形态

图 6-2　CV 曲面形态

由于点曲面与 CV 曲面的创建方法相同，本节中将以点曲面为例，介绍 NURBS 曲面的创建方法。

创建基本 NURBS 曲面

（1）重新设定系统。在 / 标准基本体 下拉列表中选择 NURBS 曲面 选项，单击其下的 点曲面 按钮，在顶视图中按住鼠标左键的同时拖曳一个点曲面。

（2）在【创建参数】面板中将【长度】值设为"150"、【宽度】值设为"130"，此时点曲面形态如图 6-3 所示。

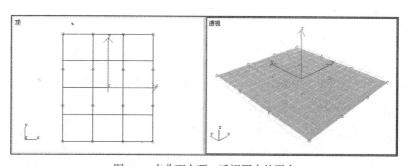
图 6-3　点曲面在顶、透视图中的形态

【知识补充】

点曲面的【创建参数】面板形态如图 6-4 所示。

- 【长度】/【宽度】：分别控制曲面的长度和宽度，进入修改命令面板后，要在【曲面】物体层级中才可对其进行修改。

图 6-4　【创建参数】面板

- 【长度点数】/【宽度点数】：分别控制长、宽两个方向上控制点的数目。

6.2.2　基本体与 NURBS 曲面转换

在 3ds Max 2012 中，所有的标准基本体都可以转换成 NURBS 物体，部分基本体转换前后的线架比较如图 6-5 所示。

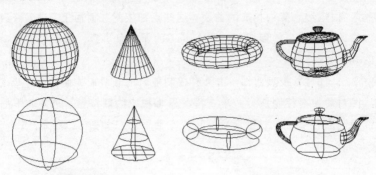

图 6-5　转换前后的线架比较

基本体与 NURBS 曲面转换

（1）重新设定系统。单击 / / 标准基本体 ▼ / 球体 按钮，在透视图中创建一个半径为 "30" 的球体。

（2）在视图中单击鼠标右键，在弹出的快捷菜单中选择【转换为】/【转换为 NURBS】命令，如图 6-6 所示，将球体转换为 NURBS 物体，它的原始创建参数也就没有了。

物体转换为 NURBS 曲面除了上面介绍的方法外，还有以下两种方法。

图 6-6　快捷菜单部分形态

- 创建一个标准基本体，进入修改命令面板，在修改器堆栈窗口中的空白处单击鼠标右键，在弹出的快捷菜单中选择【NURBS】命令，如图 6-7 所示，将其转换成 NURBS 物体。

- 经过挤出、车削创建的物体，在完成创建后，先将【参数】/【输出】/【网格】选项改为【NURBS】选项，然后在修改器堆栈窗口中的空白处单击鼠标右键，在弹出的快捷菜单中选择【NURBS】命令，此物体就变为 NURBS 物体。以车削为例，转换前后的线架形态如图 6-8 所示。

图 6-7　快捷菜单形态

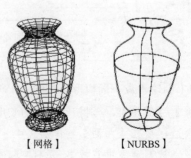

【网格】　　　【NURBS】

图 6-8　车削物体转换成 NURBS 后的线架比较

6.3　NURBS 曲面编辑

NURBS 曲面的基本修改主要是针对其不同子物体的修改。【点曲面】和【CV 曲面】的子物体名称有所不同，但修改方法基本相同，本节将以【CV 曲面】的子物体修改方法为例，介绍 NURBS 曲面编辑过程。

6.3.1　NURBS 物体基础属性修改

NURBS 物体创建完成后，进入修改命令面板，会有几个通用修改面板可以针对 NURBS 物体进行整体修改。这几个通用修改面板如下。

- 【常规】面板
- 【显示线参数】面板
- 【曲面近似】面板
- 【曲线近似】面板
- 【创建点】面板
- 【创建曲线】面板
- 【创建曲面】面板

其中【创建点】面板、【创建曲线】面板和【创建曲面】面板中的选项与 NURBS 工具箱中的图标是一一对应的，区别是一种是以按钮形式出现，另一种是以图标形式出现。在以后的例题中将专门进行讲解。

下面就以一个 NURBS 物体线架为例，介绍几个面板中的参数设置方法。

🔑 NURBS 物体基础属性修改

（1）重新设定系统。单击窗口左上方快速访问工具栏中的 按钮，打开教学资源包中的"范例\ CH06\6_01.max"文件。

（2）单击 / ○ / 球体 按钮，在顶视图中创建一个半径为"25"的球体，位置如图 6-9 所示。

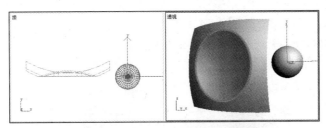

图 6-9　球体在顶、透视图中的位置

（3）选择 NURBS 物体，单击 按钮进入修改命令面板，会自动弹出 NURBS 工具箱，如图 6-10 所示。

（4）在修改命令面板中展开【常规】面板，单击 附加 按钮，将鼠标光标放在球体上，此时鼠标光标形态如图 6-11 所示，单击鼠标左键，将球体附加到 NURBS 物体上，此时球体就变成了 NURBS 物体的一部分，其原始参数丢失。

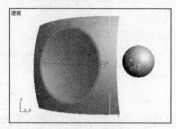

图 6-10　NURBS 工具箱形态　　　　　　　　图 6-11　鼠标光标形态

（5）单击 / / 　茶壶　 按钮，在顶视图中再创建一个半径为"20"的茶壶，位置如图 6-12 所示。

（6）选择 NURBS 物体，单击 按钮进入修改命令面板，单击【常规】面板中的 导入 按钮，在透视图中单击茶壶物体，使其成为 NURBS 物体的一部分。

（7）在修改器堆栈窗口中选择【NURBS 曲面】/【导入】选项，在视图中选择茶壶（这时只能选择茶壶），在修改器堆栈窗口的底部出现【Teapot】选项，选择此选项后，可在下面的【参数】面板中修改茶壶的参数设置。

（8）回到【导入】子物体层级，确认茶壶形子物体处于被选择状态。在下面的【导入】面板中单击 删除 按钮，删除导入的茶壶物体。【导入】面板形态如图 6-13 所示。

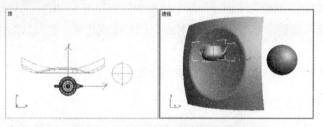

图 6-12　茶壶在顶、透视图中的位置　　　　　图 6-13　【导入】面板形态

（9）在修改器堆栈窗口中选择【NURBS 曲面】选项，此时在修改器堆栈窗口中【导入】选项自动消失。

（10）展开【曲面近似】面板，确认【视口】选项为被选择状态，单击【细分预设】/ 高 按钮，在视图中以高级别显示，如图 6-14 左图所示。

（11）再选择【渲染器】选项，单击【细分预设】/ 低 按钮，渲染透视图，以低级别进行渲染，效果如图 6-14 右图所示。

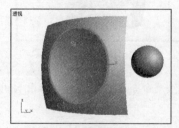 

高级别显示　　　　　　　　　　低级别渲染

图 6-14　不同显示级别与渲染级别

由图 6-14 可以看出，虽然在视图中以高级别显示，球体边缘呈平滑状态，但渲染用的是低级别，球体边缘是不平滑的。

【知识补充】

（1）【常规】面板形态如图 6-15 所示。

- 附加 按钮：单击此按钮，在视图中点取物体，将它结合到当前的 NURBS 物体中，原始参数丢失。

- 附加多个 按钮：一次选择多个物体合并入 NURBS 物体中。

- 导入 按钮：单击此按钮，在视图中选取物体，将它结合到当前的 NURBS 物体中，原始参数不丢失，而且还可以从 NURBS 物体中再导出去。在修改器堆栈窗口中选择【导入】子对象后，修改命令面板中会出现【导入】面板，如图 6-16 所示。在此面板中对导入的物体进行删除或提取。

- 导入多个 按钮：一次选择多个物体导入到 NURBS 物体中。

- 按钮：NURBS 工具箱开关按钮。

（2）【曲面近似】面板形态如图 6-17 所示。

图 6-15 【常规】面板　　　　图 6-16 【导入】面板　　　　图 6-17 【曲面近似】面板

- 【视口】：选择此选项，面板中的设置只针对视图显示。

- 【渲染器】：选择此选项，面板中的设置只针对最后的渲染结果。

- 【细分预设】：选择不同的细分方式，可以控制不同的精度分布，如图 6-18 所示，在【视口】选项下，不同的细分方式，NURBS 物体显示出不同的精度。

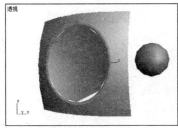

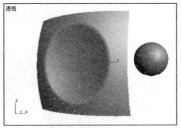

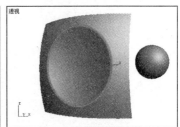

低　　　　　　　　　　　　　中　　　　　　　　　　　　　高

图 6-18 不同细分方式的显示精度

- 【空间】：产生统一的三角面细化，通过调节下方的【边】参数控制细分的精细程度。
- 【曲率】：根据物体表面的曲率产生可变的细化，通过调节下方的【距离】和【角度】参数控制细化程度。
- 【空间和曲率】：【空间】和【曲率】两种细分方法相结合。

6.3.2　点和曲面 CV 子物体修改

点和曲面 CV 子物体是 NURBS 曲面物体中最小的可编辑元素，它类似于网格物体中的顶点。通过对这些点的变动修改，可以直接影响曲面物体的形态。

点和曲面 CV 子物体修改

（1）重新设定系统。在 <input> / ○ / 标准基本体 ▾ 下拉列表中选择 NURBS 曲面 ▾ 选项，分别单击其下的 点曲面 按钮和 CV 曲面 按钮，在顶视图中创建一个点曲面和 CV 曲面，形态如图 6-19 所示。

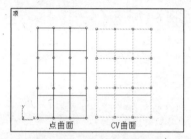

图 6-19　两个 NURBS 曲面在顶视图中的形态

（2）选择 CV 曲面，单击 ☑ 按钮进入修改命令面板，在【常规】面板中单击 附加 按钮，在视图中单击点曲面，将其附加到当前 CV 曲面中。

（3）单击鼠标右键，取消附加功能的操作。

此时在修改器堆栈窗口中，【NURBS 曲面】下有 3 个可选子对象，分别是【曲面 CV】、【曲面】和【点】。其中【曲面 CV】子对象对应的是 CV 曲面上的点，【点】子对象对应的是点曲面上的点。由于【曲面 CV】与【点】的修改方式相同，这里只介绍【曲面 CV】的操作方法。

（4）选择【曲面 CV】子对象，单击【CV】面板中的 按钮，在顶视图中选择一个 CV 点，此行中的所有 CV 点就都被选择，在前视图中将其沿 y 轴向上移动一段距离，此时 CV 曲面形态如图 6-20 所示。

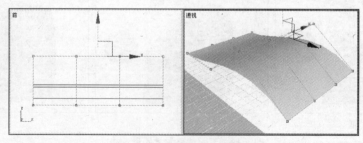

图 6-20　移动 CV 点的位置

（5）将【权重】值设为"10"，增加 CV 点对曲面的影响力，使曲面弯曲程度加大，如图 6-21 所示。

（6）单击【优化】/ 行 按钮，在顶视图中单击鼠标左键，确定插入点，如图 6-22 左图所示，在插入点的过程中会发现，曲面上的点根据曲面形态自动排列位置，在不改变曲面形态的前提下细化曲面，插入优化点后的曲面形态如图 6-22 右图所示。

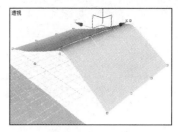

图 6-21　曲面形态

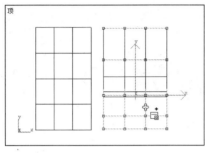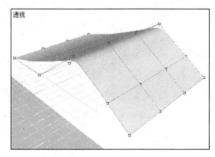

图 6-22　插入点的位置及曲面形态

（7）单击【插入】/ 列 按钮，在顶视图中单击鼠标左键，设置插入点，如图 6-23 左图所示。在插入点时，曲面上的点不会根据曲面形态排列位置，插入的点越多，曲面形态改变得越厉害，插入 3 列点的曲面形态如图 6-23 右图所示。

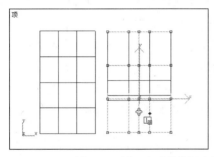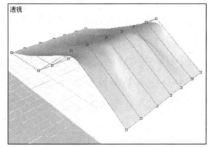

图 6-23　插入点时的鼠标光标形态及插入点后的曲面形态

（8）单击 按钮，在顶视图中选择一列点，单击【删除】/ 列 按钮，将其删除（也可以直接按键盘上的 Delete 键进行删除）。

【知识补充】

【CV】面板形态如图 6-24 所示。

其中常用参数有以下几个。

- 按钮：选择单个控制点。
- 按钮：选择与指定点同一行的所有控制点。
- 按钮：选择与指定点同一列的所有控制点。
- 按钮：选择与指定点同一行列的所有控制点。
- 按钮：选择所有控制点。
- 【权重】：设置当前选择控制点的权重值，值越大，控制点对曲面

图 6-24　【CV】面板

的影响也越大，如图 6-25 所示。

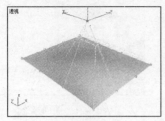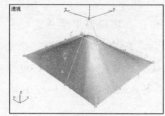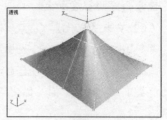

【权重】：1　　　　　　　【权重】：10　　　　　　　【权重】：30

图 6-25　不同权重值的曲面效果

- 【删除】：删除选择的控制点。
- 【优化】：通过增加控制点来细化曲面，不会改变曲面的形状。
- 【插入】：在曲面上插入控制点，可改变曲面的形状。

6.3.3　曲面子物体修改

曲面子物体修改主要是针对曲面之间的合成、开放曲面的闭合以及切分曲面等操作，类似于网格物体中的面子物体。

🔑　曲面子物体修改

（1）重新设定系统。在 ![icon] / ![icon] / 标准基本体 下拉列表中选择 NURBS 曲面 选项，单击其下的 CV 曲面 按钮，在前视图中创建一个 CV 曲面。

（2）单击 ![icon] 按钮进入修改命令面板，在修改器堆栈窗口中选择【NURBS 曲面】/【曲面】子物体，在透视图中单击 CV 曲面，选择曲面子物体，此时曲面子物体为红色显示。

（3）在【曲面公用】面板中单击 断开列 按钮，在前视图中选择位置将曲面分为 3 个，光标形态及位置如图 6-26 所示。曲面分为 3 部分后的形态如图 6-27 所示。

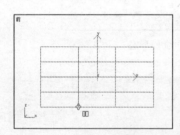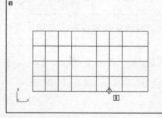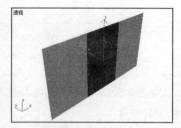

图 6-26　将曲面分成 3 个　　　　　　　图 6-27　将曲面分为 3 部分

（4）分别选择左右两边的曲面，在顶视图中将它们沿 z 轴旋转"70°"和"−70°"，然后分别移动位置，效果如图 6-28 所示。

（5）单击 连接 按钮，在前视图中单击相邻两个边，此时相邻的边呈蓝色显示，如图 6-29 所示。

（6）在弹出的【连接曲面】对话框中选择【连接】选项，再单击 确定 按钮，【连接曲面】对话框如图 6-30 左图所示。用相同方法连接右边的边线，连接结果如图 6-30 右图所示。

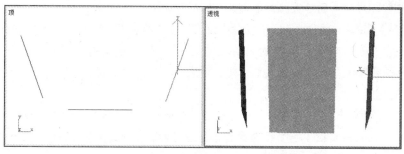

图 6-28　两个曲面子物体在顶、透视图中的位置

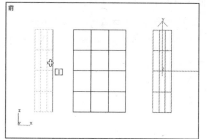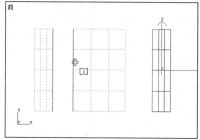

图 6-29　连接相邻的边

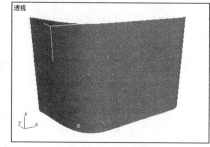

图 6-30　【连接前面】对话框形态及连接后的效果

（7）在下方【点曲面】面板中，单击 闭合列 按钮，闭合开放的列，效果如图 6-31 左图所示。再单击 闭合行 按钮，闭合曲面上的行，结果如图 6-31 右图所示。

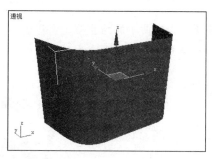

图 6-31　闭合列和闭合行效果

【知识补充】

【曲面公用】面板形态如图 6-32 所示。

- 隐藏 按钮：隐藏当前选择的曲面子物体。

- ███删除███ 按钮：删除选择的曲面。
- ███硬化███ 按钮：硬化曲面，不能对曲面上的点进行修改，对于复杂的 NURBS 模型，利用此功能可以节省模型对内存的占用量。取消硬化有两种方法：一是单击 ████使独立████ 按钮，取消硬化效果；二是通过对曲面进行打断、连接编辑，取消硬化效果。
- ███转化曲面███ 按钮：单击此按钮，弹出【转化曲面】对话框，形态如图 6-33 所示。此对话框提供了一个将曲面转化为不同类型曲面的大体方法，可以在【放样】、【拟合点】和【CV 曲面】之间转化。
- ███分离███ 按钮：将选择的曲面从当前 NURBS 物体上分离出去，成为一个独立的 NURBS 物体。如果勾选【复制】选项，会在原物体上保留一个复制曲面。
- ███连接███ 按钮：将两个曲面连接在一起。在连接曲面时会弹出【连接曲面】对话框，形态如图 6-34 所示。

图 6-32　【曲面公用】面板

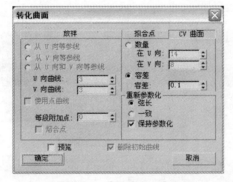

图 6-33　【转化曲面】窗口

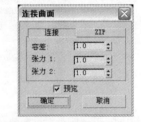

图 6-34　【连接曲面】窗口

- 【ZIP】选项卡：用于选择压缩算法。压缩可连接两个原始曲面的曲面 CV 点。压缩方法可改变原始曲面的形状。
- 【连接】选项卡：用于选择连接算法。连接首先在两个原始曲面之间创建一个混合曲面，然后使这 3 个曲面成为一个曲面。连接并不会更改两个原始曲面的形状。

6.3.4　多曲面合成建模

本例将使用曲面的合成以及闭合等功能，制作一个如图 6-35 所示的曲面造型。

图 6-35　多曲面合成建模效果

🔑 多曲面合成建模

（1）重新设定系统。单击窗口左上方快速访问工具栏中的 🖿 按钮，打开教学资源包中的"范例\CH06\6_02.max"文件，这是几条 NURBS 曲线场景。

（2）选择其中的一条曲线，单击 按钮进入修改命令面板，在常规面板中单击 附加多个 按钮，在弹出的【附加多个】对话框中选择所有曲线，再单击 附加 按钮，将它们结合成一体。

（3）在【NURBS】工具箱中单击 （创建挤出曲面）按钮，单击曲线，此时鼠标光标形态如图 6-36 左图所示，在【挤出曲面】面板中将【数量】值设为"150"，曲面挤出效果如图 6-36 右图所示。

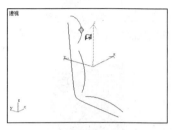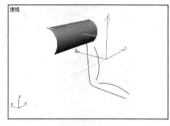

图 6-36　鼠标光标形态及曲线挤出效果

（4）利用相同方法挤出其余两段曲线，如图 6-37 所示。

（5）在修改器堆栈窗口中选择【曲面】子对象，单击【曲面公用】面板中的 连接 按钮，连接两个挤出曲线，操作过程如图 6-38 所示。

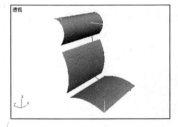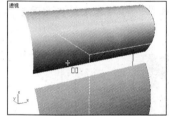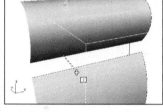

图 6-37　曲线挤出效果　　　　　　　　　图 6-38　连接过程

 连接曲面时，所选择面的边缘呈蓝色显示。另外在连接曲面时，鼠标光标放在曲面上单击即可，不必按住鼠标左键的同时进行拖曳。

（6）在弹出的【连接曲面】对话框中单击 确定 按钮，曲面连接结果如图 6-39 左图所示。利用相同方法，再连接其余曲面，结果如图 6-39 右图所示。

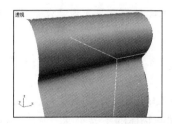

图 6-39　曲面连接效果

（7）利用相同方法将背后的曲线做挤出修改，然后将其与正面的顶端做连接修改，如图 6-40 所示。

（8）选择【曲面】子物体，在透视图中选择曲面，使其变为红色显示，如图 6-41 左图所示。单击【CV 曲面】面板中的 闭合行 按钮，闭合断开的部分，结果如图 6-41 右图所示。

图 6-40　连接顶部

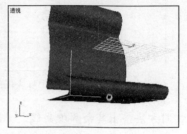

图 6-41　闭合行前后的效果比较

（9）单击【NURBS】工具箱中的 ▧（创建封口曲面）按钮，在曲面上单击鼠标左键，如图 6-42 左图所示。如果没有封口效果，可勾选【封口曲面】面板中的【翻转法线】选项，显示封口结果，如图 6-42 右图所示。

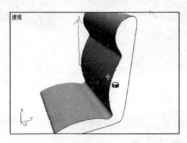

图 6-42　侧面的封口效果

（10）利用相同方法为另一侧做封口修改。

（11）单击窗口左上方的 ◉ 按钮，在下拉列表中选择【另存为】命令，将此场景另存为 "6_02_ok.max" 文件。此场景的线架文件以相同名字保存在教学资源包中的 "范例\CH06" 目录中。

6.4　NURBS 曲线

　　NURBS 曲线的创建与编辑功能，在整个 NURBS 曲面造型过程中起着至关重要的作用，很多情况下都是首先通过合理地进行二维布线，搭建起物体的主要轮廓，然后经过简单的蒙皮处理，就可得到非常精细的 NURBS 曲面造型效果。

6.4.1　创建 NURBS 曲线的方法

　　在 ▦ / ◔ / NURBS 曲线 ▾ 命令面板中，有两个 NURBS 标准曲线:【点曲线 】和【 CV 曲线 】。

激活相应按钮后，可在视图中拖动生成 NURBS 表面。

- **点曲线** ：由一系列点弯曲构成的曲线。点曲线形态如图 6-43 所示。
- **CV 曲面** ：用一系列线外的控制点来调整曲线的形态。可控点曲线形态如图 6-44 所示。

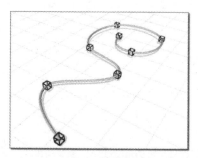

图 6-43 点曲面的形态

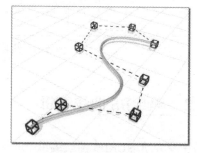

图 6-44 CV 曲面形态

由于点曲线与 CV 曲线的创建方法相同，本节中将以点曲线为例，介绍 NURBS 曲线的创建方法。

创建基本 NURBS 曲线

（1）重新设定系统。在 ■ / ■ / **样条线** ▼ 下拉列表中选择 **NURBS 曲线** ▼ 选项。

（2）单击其下的 **点曲线** 按钮，在顶视图中按住鼠标左键拖曳，创建一个点曲线，形态如图 6-45 所示。

【知识补充】

除了上面所讲的直接创建法外，还有另外几种 NURBS 曲线的创建方法。

1．样条线转换法

首先创建一条标准样条线，比如直线，创建完毕后在视图中单击鼠标右键，在弹出的快捷菜单栏中选择【转换为】\【转换为 NURBS】选项，如图 6-46 所示，将样条线转换为 NURBS 曲线。

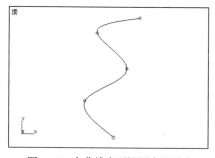

图 6-45 点曲线在顶视图中的形态

图 6-46 快捷菜单形态

2．利用现有的 NURBS 曲线转换法

将样条线转换为 NURBS 曲线

（1）重新设定系统。在顶视图中分别创建一个圆形和 NURBS 点曲线，如图 6-47 左图所示。

（2）选择 NURBS 点曲线，单击 ■ 按钮进入修改命令面板，单击【常规】面板中的 **附加** 按钮，然后选择圆形，此圆形就转换为 NURBS 曲线。如图 6-47 中图和右图所示。

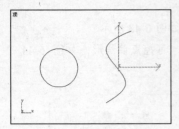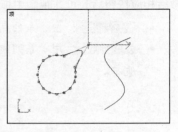

图 6-47　将样条线转换为 NURBS 曲线

6.4.2　NURBS 曲线编辑

本节主要介绍 NURBS 曲线编辑中的优化、延伸和打断等功能，这些修改功能与二维样条曲线中相应的功能基本类似。

NURBS 曲线编辑

（1）重新设定系统。在顶视图中创建一个点曲线，如图 6-48 左图所示。

（2）单击 按钮进入修改命令面板，在修改器堆栈窗口中选择【NURBS 曲线】/【点】子物体，单击【点】面板中的　优化　按钮，分别在 NURBS 曲线上单击鼠标左键，加入点，细化曲线，位置如图 6-48 右图所示。

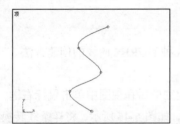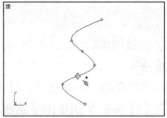

图 6-48　点曲线形态及加入点的位置

（3）单击　延伸　按钮，选择曲线上的顶点，按住鼠标左键拖曳，至合适位置松开鼠标左键，延伸曲线，如图 6-49 所示。

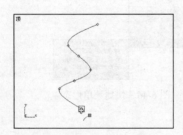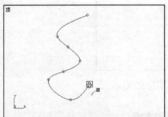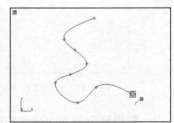

图 6-49　延伸曲线

（4）在修改器堆栈窗口中选择【NURBS 曲线】/【曲线】子物体，单击【曲线公用】面板中的　断开　按钮，在曲线上单击鼠标左键，在单击的位置上断开曲线，如图 6-50 左图所示。

（5）选择断开处的曲线进行移动，曲线被断开成两部分，如图 6-50 右图所示。

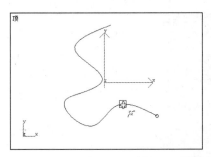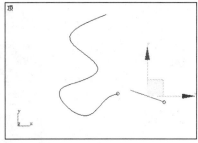

图 6-50　断开曲线并移动位置

（6）单击 连接 按钮，在两个端点处分别单击鼠标左键，在弹出的【连接曲线】对话框中单击 确定 按钮，在两点之间创建连线，制作过程及结果如图 6-51 所示。

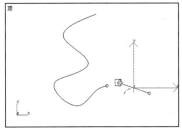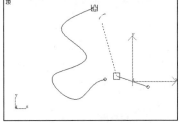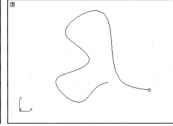

图 6-51　在两点之间创建连线

图 6-52　【点】面板

【知识补充】

【点】面板形态如图 6-52 所示。

- 熔合 按钮：将一个点熔合到另一个点上，这是连接两条曲线的一种方法。如图 6-53 左图和中图所示。需要注意的是熔合点并不会把两个点子对象组合到一起，虽然被连接在一起，但仍是独立的点子对象，单击 取消熔合 按钮，可以取消熔合，如图 6-53 右图所示。

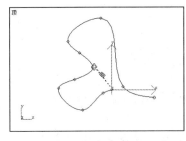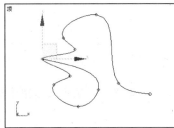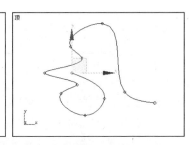

图 6-53　两个点的熔合及取消熔合

- 延伸 按钮：延伸点曲线。从曲线端点拖曳，可以添加新点，扩展曲线。

【曲线公用】面板形态如图 6-54 所示。

- 进行拟合 按钮：对点曲线而言，使用该按钮可以更改曲线中的点数，如图 6-55 所示。

图 6-54　【曲线公用】面板

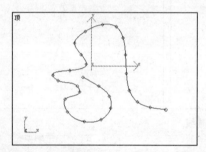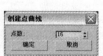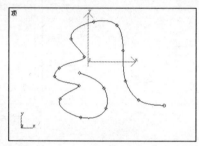

图 6-55　使用进行拟合更改点数

- ▆▆▆**反转**▆▆▆ 按钮：反转曲线中点的顺序，使首顶点成为最后一个顶点，而使最后一个顶点成为首顶点，如图 6-56 所示。

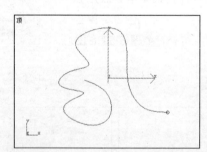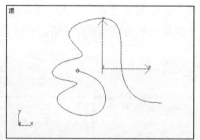

图 6-56　反转点效果

- ▆▆▆**转化曲线**▆▆▆ 按钮：单击此按钮，显示【转换曲线】对话框。可以将点曲线转化为 CV 曲线，反之亦然。
- ▆▆▆**分离**▆▆▆ 按钮：使选定的曲线子对象与 NURBS 模型分离，从而使其成为新的 NURBS 曲线。

6.4.3　多曲线合成

本节将利用曲线编辑中的连接功能，将图 6-57 中的左图修改成如右图所示的形态。

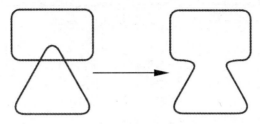

图 6-57　多曲线合成效果

多曲线合成

（1）重新设定系统。单击窗口左上方快速访问工具栏中的 按钮，打开教学资源包中的"范例\CH06\6_03.max"文件。

（2）选择矩形，单击鼠标右键，在弹出的快捷菜单栏中选择【转换为】/【转换为 NURBS】命令，将其转换为 NURBS 曲面。

（3）单击 按钮进入修改命令面板，在修改器堆栈窗口中选择【NURBS 曲面】/【曲线】子物体，在顶视图中选择如图 6-58 左图所示的曲线，将其删除，效果如图 6-58 右图所示。

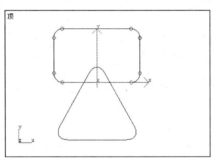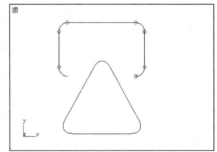

图 6-58　选择曲线并删除

（4）单击【曲线公用】面板中的 连接 按钮，连接矩形上的各段，如图 6-59 所示。

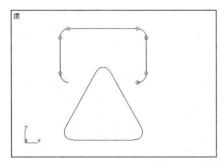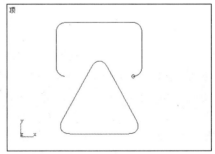

图 6-59　连接矩形上的各段

（5）回到【NURBS 曲线】层级，单击【常规】面板中的 附加 按钮，然后单击三角形，将其附加到当前 NURBS 曲面中来。

（6）进入【曲线】子物体层级，单击 断开 按钮，分别在如图 6-60 所示的位置上单击鼠标左键，断开曲线。

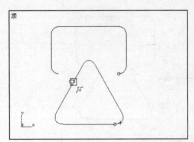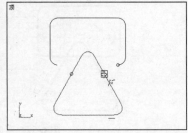

图 6-60　断开点的位置

（7）单击如图 6-61 左图所示的曲线，将其删除。利用相同方法为下面的曲线进行断开修改，然后选择如图 6-61 中图所示的曲线，将其删除，效果如图 6-61 右图所示。

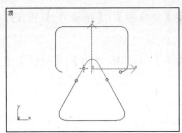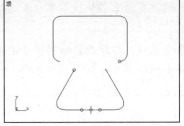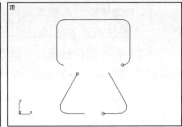

图 6-61　删除曲线的过程及效果

（8）单击【曲线公用】面板中的 _____连接_____ 按钮，连接两条曲线，在【连接曲线】对话框中，设置【连接】/【张力 2】值为 "2.7"，如图 6-62 所示。

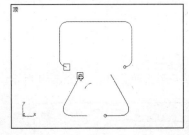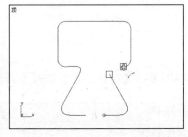

图 6-62　连接曲线

【张力 2】值用来调整所拾取的第 2 条曲线一端上新曲线的张力。图 6-63 所示是【张力 2】的值分别为 "1" 和 "6" 的效果比较。

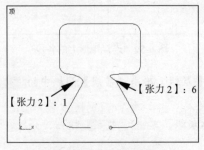

图 6-63　不同张力值的效果比较

（9）选择曲线，单击【CV 曲线】面板中的 ▭关闭 按钮，闭合曲线，如图 6-64 所示。

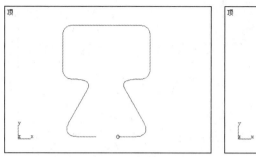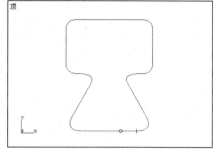

图 6-64　闭合曲线前后的形态比较

（10）单击窗口左上方的◉按钮，在下拉列表中选择【另存为】命令，将此场景另存为"6_03_ok.max"文件。此场景的线架文件以相同名字保存在本书教学资源包的"范例\CH06"目录中。

6.5　点编辑工具

NURBS 的核心编辑功能都集合在【NURBS】工具箱面板中，本节将重点介绍该工具箱中【点】编辑工具的使用方法。

6.5.1　【点】工具使用方法

本节以◎（创建曲线-曲线点）功能为例，介绍【点】工具的使用方法。

【点】工具使用方法

（1）重新设定系统。单击 ◉ / ◎ / 样条线 ▾ / 点曲线 按钮，取消 开始新图形 选项的勾选状态，在顶视图中创建两条点曲线，形态如图 6-65 左图所示。

（2）单击◢按钮进入修改命令面板，此时会弹出【NURBS】工具箱（如果没有，可单击【常规】面板中的▦按钮显示此面板），如图 6-65 右图所示。

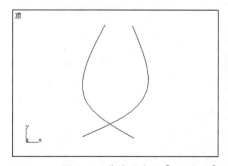

图 6-65　曲线形态及【NURBS】工具箱对话框

（3）单击【点】工具栏中的◎（创建曲线-曲线点）按钮，在曲线上创建点，位置如图 6-66 所示。

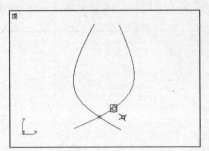
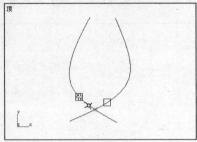

图 6-66　创建点的位置

（4）勾选【曲线-曲线相交】面板中的【修剪曲线】选项，位置如图 6-67 左图所示，修剪效果如图 6-67 右图所示。

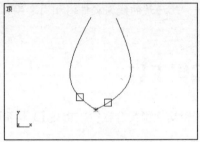

图 6-67　【曲线-曲线相交】面板形态及修剪效果

6.5.2　常用参数解释

在【NURBS】工具箱中【点】栏中的常用按钮解释如下。

- （创建曲线点）：用于在曲线上创建特殊的点，这些点都拥有自身参数。在 NURBS 物体的任意子物体层级中，激活此按钮，在一条曲线上单击生成一个依附于此曲线的点。若要通过这个点对曲线进行剪切修改，只需勾选【曲线点】面板中【修剪】栏的【修剪曲线】选项，即可产生裁剪效果。若复选【翻转修剪】选项，则会产生翻转裁剪效果，如图 6-68 所示。

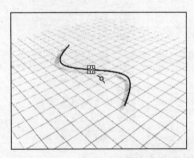
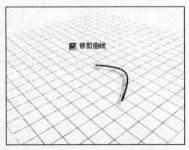

图 6-68　加点后的裁剪效果

- （创建曲线-曲线点）：用于在两曲线相交点上创建特殊的点，通过这个点对两曲线进行剪切修改。修改时，在 NURBS 物体的任意子物体层级中，激活此按钮，再分别单击两条相交的曲线，在两曲线相交处生成一个依附于两曲线的点。通过这个点对曲线进行剪切修改，勾选命令面板中的【修剪曲线】选项，即可产生裁剪效果。同样也有【翻转修剪】选项，如图 6-69 所示。

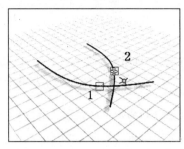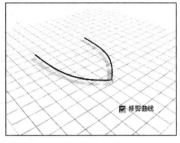

图 6-69　加点后的修剪效果

6.6　曲线编辑工具

本节将重点介绍该工具箱中【曲线】编辑工具的使用方法。

6.6.1　【曲线】工具使用方法

曲线编辑工具

（1）重新设定系统。在 ☀ / ⬚ / NURBS 曲线 ▾ 命令面板中，单击 CV 曲线 按钮，在顶视图中通过多次单击生成一条闭合的 NURBS 曲线。形态如图 6-70 所示。

（2）进入修改命令面板，此时系统会自动打开【NURBS】工具箱。

（3）单击工具箱中的 ☐（创建挤出曲面）按钮，在透视图中的 NURBS 线形上按住鼠标左键向上拖曳，生成一个挤出曲面，效果如图 6-71 所示。

图 6-70　在顶视图创建的曲线形态　　　　图 6-71　生成挤出曲面

（4）单击工具箱中的 ☐（创建 CV 曲面）按钮，在顶视图中创建一个可控点曲面，其投影面积一定要比刚才做的挤出曲面大一些，进入修改命令面板的【曲面】子物体层级，在前视图中适当向上移动该曲面，位置随意但一定要与刚才的挤出曲面相交，然后进入【曲面 CV】子物体层级，通过移动该曲面上的 CV 控制点，将形态调整至如图 6-72 所示的样子，如图 6-73 所示是子物体选项。

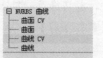

图 6-72　CV 曲面的形态及位置　　　　　图 6-73　子物体选项

教学资源包中"范例\CH06"目录中的"06_04.max"文件是做到这一步为止的场景文件，为了更方便地完成下面的步骤，可以打开该文件进行下面的练习。

（5）选择鼠标模型，确认修改命令面板中的█按钮为被激活状态，在【NURBS】工具箱中单击█（创建曲面-曲面相交曲线）按钮，先后点选两曲面，如图 6-74 所示。

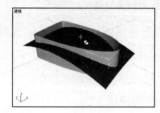

图 6-74　先后点选两曲面

（6）两曲面相交处生成了一条曲线，在修改命令面板中勾选【曲面-曲面相交曲线】栏中的【修剪 1】和【修剪 2】选项，剪切后的效果如图 6-75 所示。

如果找不到该选项，可进入【曲线】子对象层级，选中刚生成的曲线，在修改命令面板的最底端可以找到该选项。

（7）在【NURBS】工具箱中激活█（创建 V 向等参曲线）按钮，在鼠标顶面 1/3 处单击，生成一条 V 向等参曲线，如图 6-76 所示。

（8）勾选【等参曲线】/【修剪】选项，将顶面剪切出一个洞，如图 6-77 所示。

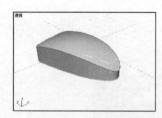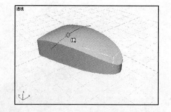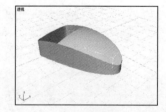

图 6-75　剪切后的效果　　　　图 6-76　生成一条 V 向等参曲线　　　　图 6-77　将顶面剪切出一个洞

（9）可通过调整【等参曲线】/【位置】值，来改变开口的大小，如图 6-78 所示。

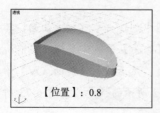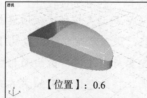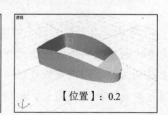

【位置】：0.8　　　　　　　【位置】：0.6　　　　　　　【位置】：0.2

图 6-78　不同【位置】值的开口效果

鼠标按键部分的制作方法与前面步骤相同，在这里不再详细讲解。

（10）单击窗口左上方的 ⑤ 按钮，在下拉列表中选择【另存为】命令，将此场景另存为 "6_04_ok.max" 文件。此场景的线架文件以相同名字保存在教学资源包的 "范例\CH06" 目录中。

6.6.2　常用参数解释

【曲线】栏中的常用按钮解释如下。

- ✏（创建 CV 曲线）和 ✎（创建点曲线）：分别用来创建可控点曲线和点曲线，等同于创建命令面板中的 NURBS 标准曲线。

- ✎（创建拟合曲线）：沿已存在的点创建曲线，如图 6-79 所示。这个工具只能捕捉【点】。

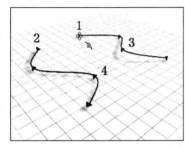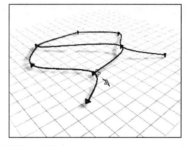

图 6-79　创建拟合曲线

- ✎（创建变换曲线）：将指定的曲线平行复制出一条新曲线。新曲线与原曲线有关联关系，如图 6-80 所示。

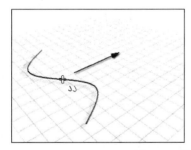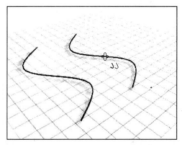

图 6-80　创建变换曲线

- ✎（创建混合曲线）：连接两个分离的曲线端点，建立光滑的中间过渡曲线，如图 6-81 所示。

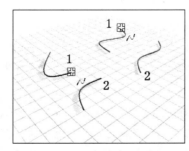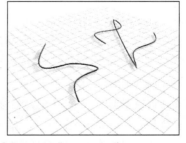

图 6-81　创建混合曲线

- （创建偏移曲线）：沿曲线中心向内或向外以辐射方式复制曲线，类似制作轮廓，如图 6-82 所示。

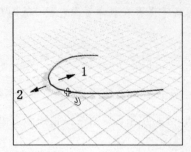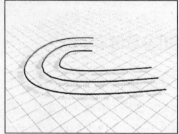

图 6-82　创建偏移曲线

- （创建镜像曲线）：对曲线进行镜像复制，如图 6-83 所示。

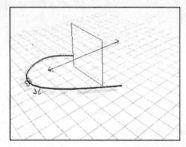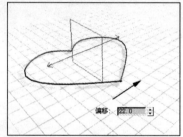

图 6-83　创建镜像曲线

- （创建切角曲线）：在两个分离曲线的端点之间建立一个直导角，导角的大小可任意调节，如图 6-84 所示。

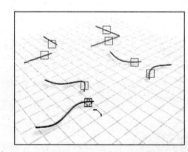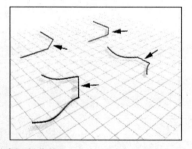

图 6-84　创建切角曲线

- （创建圆角曲线）：在两个分离曲线的端点之间建立一个圆导角，导角的半径大小可任意调节，如图 6-85 所示。
- （创建曲面-曲面相交曲线）：在两个相交的曲面之间创建一条曲线，可以通过这条曲线来剪切相交的曲面，如图 6-86 所示。如同布尔运算，这是一个很常用的工具。
- （创建 U 向等参曲线）、（创建 V 向等参曲线）：沿水平或垂直方向复制一条等参曲线，如图 6-87 所示。
- （创建法向映射曲线）、（创建向量映射曲线）：这两个工具有些类似，都是将一条曲线映射到一个曲面上，生成一条新曲线。不同之处在于法向映射曲线始终保持与曲面法线的方向垂直，而向量映射曲线则与激活视图垂直。勾选【修剪】选项可以看到修剪修改后效果，如图 6-88 所示。

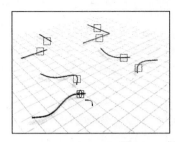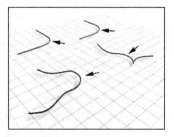

图 6-85　创建圆角曲线

图 6-86　创建曲面-曲面相交曲线

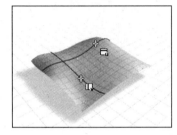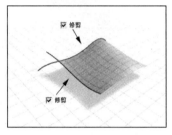

图 6-87　创建等参曲线

　创建法向映射曲线与视图无关，但会受曲面的影响而发生形变，而创建向量映射曲线会受视图的影响，但如果在正交视图中进行操作则会得到与原图相同的形状，这一点非常有用。

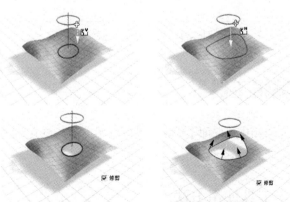

法向映射曲线　　　　　　　　　向量映射曲线

图 6-88　在顶视图中创建不同映射曲线效果

- （创建曲面上的 CV 曲线）、（创建曲面上的点曲线）：在曲面上创建曲线，可通过此曲线修剪曲面，如图 6-89 所示。

图 6-89　在曲面上创建曲线

- （创建曲面偏移曲线）：从依附于曲面上的曲线，以辐射方式复制出一条新曲线，如图 6-90 所示。

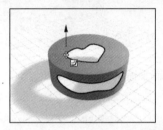

图 6-90　创建曲面偏移曲线

- （创建曲面边曲线）：有些表面在创建时没有一个完整的表面边缘曲线，如后面要讲的通过创建划线曲面生成的曲面，可利用这个工具来得到表面边缘曲线，如图 6-91 所示。

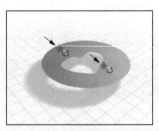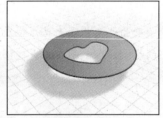

图 6-91　创建表面边缘曲线

6.7　曲面编辑工具

本节将重点介绍该工具箱中【曲面】编辑工具的使用方法，它主要被用来创建面与面或线与线之间的曲面。

6.7.1　【曲面】工具使用方法

下面用一个例子来详细介绍面与面之间的曲面创建过程。

【曲面】工具使用方法

（1）重新设定系统。单击窗口左上方快速访问工具栏中的 按钮，打开教学资源包中的"范例\CH06\6_05.max"文件，这是有 3 个 NURBS 可控点曲面的场景，如图 6-92 所示。

（2）选择 NURBS 曲面，进入修改命令面板，在【NURBS】工具箱中激活 （创建混合曲面）按钮，将顶面与左侧面进行混合，如图 6-93 所示。

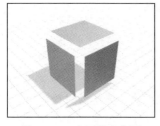

图 6-92　3 个可控点曲面

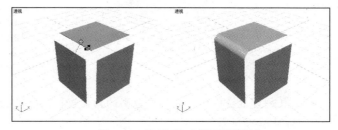

图 6-93　将顶面与左侧面进行混合

（3）同样，再将顶面与右侧面、右侧面与左侧面进行混合。在 3 个混合表面之间形成了一个空洞，如图 6-94 所示。

> **要点提示**　在进行面混合时，鼠标光标选择的面的边缘会出现一条蓝色的线，表示选择的面将要以这条线为边界与下面的面进行混合。

（4）单击【NURBS】工具箱中的 （创建多边混合曲面）按钮，分别点选 3 个新生成的混合曲面，多边混合曲面就生成了。注意各混合曲面边界的选择，将要提取的曲面边界显示为蓝色。混合曲面生成的过程如图 6-95 所示。

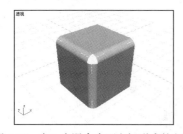

图 6-94　在 3 个混合表面之间形成的空洞

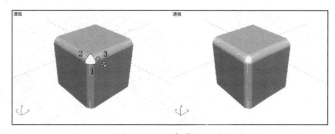

图 6-95　混合曲面生成的过程

> **要点提示**　如果生成的混合曲面为不可见状态，可勾选【混合曲面】/【反转法线】选项，即可看到混合曲面的形态。

（5）单击窗口左上方快速访问工具栏中的 按钮，将此场景另存为"6_05_ok.max"文件。此场景的线架文件以相同名字保存在教学资源包的"范例\CH06"目录中。

6.7.2　常用参数解释

【曲面】栏中的常用按钮解释如下。

- （创建 CV 曲面）　 （创建点曲面）：　　　　创建可　点曲面　点曲面，
　于创建　　面　　的 NURBS　　曲面。

- （创建变换曲面）：将指定的曲面平行复制出一个新曲面，新曲面与原曲面有关联关系，如图 6-96 所示。

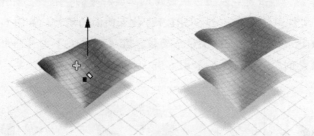

图 6-96　创建变换曲面

- （创建混合曲面）：将两个分离的曲面进行连接，在曲面之间产生光滑的过渡曲面，如图 6-97 所示。

图 6-97　创建混合表面

- （创建偏移曲面）：沿曲面中心向内或向外以辐射方式复制曲面，类似制作外壳，如图 6-98 所示。

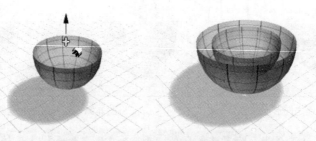

图 6-98　创建偏移曲面

- （创建镜像曲面）：对曲面进行镜像复制，如图 6-99 所示。

图 6-99　创建镜像曲面

- （创建挤出曲面）：将一个曲线挤出一个高度，建立一个新曲面，这个曲面与原曲线有关联关系，如图 6-100 所示。

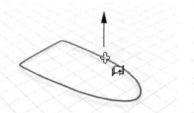

图 6-100　创建挤出曲面

- （创建车削曲面）：对一个曲线子对象进行车削，创建一个新的曲面，如图 6-101 所示。

对齐：最大

图 6-101　创建车削曲面

- （创建规则曲面）：在两个非闭合曲线之间建立一个新曲面，如图 6-102 所示。

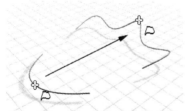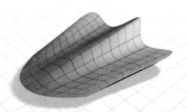

图 6-102　创建规则曲面

- （创建封口曲面）：建立一个曲面，沿其中一条曲线边界将曲面封闭，如图 6-103 所示。

图 6-103　创建封口曲面

- （创建 *U* 向放样曲面）：将一组连续的曲线作为放样截面，生成一个新的造型表面，如图 6-104 所示。

图 6-104　创建 *U* 向放样曲面

- （创建 UV 放样曲面）：将一组连续的曲线作为放样截面，有 *U* 向截面，也有 *V* 向截面。拾取顺序为先拾取 *U* 向截面，待 *U* 向截面拾取完后，单击鼠标右键，再拾取 *V* 向截面，待 *V* 向截面拾取完后，单击鼠标右键完成，效果如图 6-105 所示。

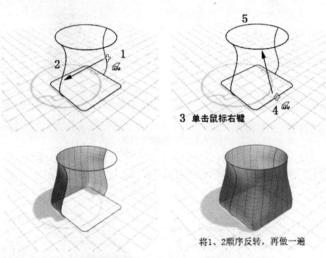

图 6-105　创建 UV 放样曲面

- （创建单轨扫描）：与放样原理相同，指定一个路径，在这个路径上可以放置多个截面。拾取顺序为先拾取路径曲线，再拾取截面，可以连续拾取多个截面，完成后单击鼠标右键结束，如图 6-106 所示。

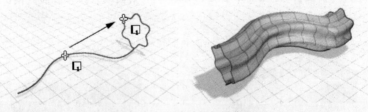

图 6-106　创建单轨扫描曲面

- （创建双轨扫描）：与创建单轨扫描曲面原理相同，只是可以指定两条路径，在两个路径上可以放置多个截面。拾取顺序为先拾取第 1 条路径曲线，再拾取第 2 条路径曲线，最后拾取截面，可以连续拾取多个截面，完成后单击鼠标右键结束，如图 6-107 所示。

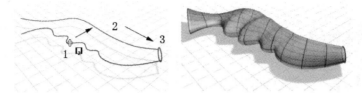

图 6-107 创建双轨扫描曲面

- 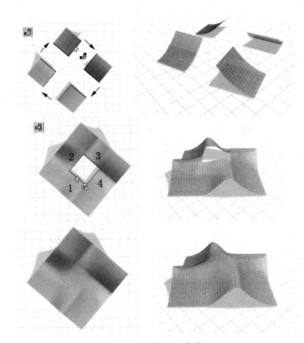（创建多边混合曲面）：这个工具是用来在 3 个或 3 个以上的曲面间建立平滑混合曲面的，在如图 6-108 所示的范例中，首先通过 功能创建周围的 2 边混合曲面，然后再通过 功能创建中间的 4 边混合曲面。

图 6-108 多边混合曲面

- （创建圆角曲面）：这个工具主要是在两个相交曲面交界处，生成一个附着在两曲面上的圆角曲面，如图 6-109 所示。

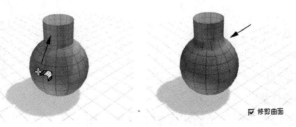

☑ 修剪曲面

图 6-109 创建圆角曲面

- （创建多重曲线修剪曲面）：这个工具的原理是，利用附着在曲面上的多个曲线，对此曲面进行多次剪切。

小结

本章主要介绍以下几部分内容。

（1）基本 NURBS 曲面与编辑。介绍了创建 NURBS 曲面的两种方法，其中包括直接创建法和基本体转换法。这些曲面创建好后，都需要经过编辑功能进行编辑才能得到复杂的曲面造型。NURBS 曲面的基础编辑主要包括针对【点】、【曲面 CV】和【曲面】子物体的修改，从概念上来讲非常接近【编辑多边形】修改功能。

（2）NURBS 曲线与编辑。NURBS 曲线与曲面的创建方法基本相同，也包括直接创建法、二维线形转换法等。NURBS 曲线的基础编辑主要包括针对【点】、【曲线 CV】和【曲线】子物体的修改，从概念上来讲非常接近【编辑样条线】修改功能。

（3）【NURBS】工具箱。3ds Max 9 提供了一个【NURBS】工具箱面板，在该面板上以图形按钮方式集合了常用的【点】、【曲线】和【曲面】编辑工具，是 NURBS 曲面建模中最常用的核心工具按钮。这些工具类似于针对网格物体的专用修改器，可以方便地进行切割、补洞、创建曲面及曲面间的光滑过渡等操作，是 NURBS 建模中最重要的内容。

（4）工业产品造型视觉效果展示。本书最后提供了两个综合范例，详细介绍了如何使用 NURBS 曲面建模来创建精细数码产品造型，这是在工业产品造型设计阶段非常重要的一个环节，在这一领域中，NURBS 建模功能具有主导地位。

单元练习

一、问答题

1. 在创建命令面板中，有哪两个 NURBS 标准曲面？
2. 【点曲面】的特点是什么？
3. 【CV 曲面】的特点是什么？
4. 【NURBS 曲面】的子对象包括哪些？
5. 如何打开【NURBS】创建工具箱？

二、操作题

利用本章所学功能制作如图 6-110 所示的床罩造型。此场景线架为教学资源包中的"习题场景/Lx06_01.max"文件。

图 6-110　床罩造型

第7章

材质应用与实例分析

三维物体在初始创建时不具备任何表面纹理特征，但为其赋予材质后，就会产生与现实材料一致的效果。本章将着重介绍 3ds Max 2012 中各种材质的应用，并通过几个典型的综合材质实例，进一步介绍使用 3ds Max 2012 调制逼真眩目的材质效果的方法。

7.1 材质与贴图的概念

材质是指对真实材料视觉效果的模拟，它在整个场景气氛渲染中的地位非常重要，一个有足够吸引力的设计，它的材质必定真实可信。然而材质的制作是一个相对复杂的过程，不仅要了解物体本身的物质属性，还要了解它的受光特性，这就要求制作者有敏锐的观察力。

贴图是材质属性的一部分，多用来表现物体表面的纹理，它所反映出来的是不同材料的固有纹理走向和纹理特征。而完整的材质概念除了包括物体的固有纹理之外，还包含该物体的反光属性、透明属性、自发光属性、表面反射或折射属性等更为宽泛的物理属性概念。

7.2 材质编辑器

在 3ds Max 2012 中，材质编辑器与早期的版本相比有了一些变化，单击菜单栏中的 按钮（快捷方式为键盘上的 M 键），可以打开【Slate 材质编辑器】窗口，形态如图 7-1 左图所示。在 按钮下还隐藏了另外一个按钮，按住 按钮不放，会弹出两个隐藏按钮，其中一个是 按钮自身，另一个 按钮则可以打开与以前版本一样的【材质编辑器】窗口，形态如图 7-1 右图所示。这两个窗口的作用是一样的，我们选择与之前版本一致的【材质编辑器】窗口作详细介绍。

图 7-1　【材质编辑器】窗口形态

7.2.1　调节基础材质

基础材质是指物体表面的固有颜色、物体表面的反光特性、物体的透明度、自发光特性等基本材质属性。下面介绍基本材质的调节方法。

调节基础材质

（1）重新设定系统。单击窗口左上方快速访问工具栏中的圆按钮，打开教学资源包"范例\CH04"目录中的"4_05.max"文件。

（2）单击圆按钮，打开【材质编辑器】窗口，选择一个示例球，单击【漫反射】选项旁边的色块，弹出【颜色选择器】对话框，如图 7-2 所示。

（3）在此对话框中的红、绿、蓝 3 条色带中，用鼠标在合适的位置单击，可以调整白线在这 3 条色带中的不同位置，从而调整颜色。将示例球的颜色调成棕红色，单击对话框内的 关闭 按钮，关闭【颜色选择器】对话框。此时，视图中的瓶子变为棕红色。

（4）将【高光级别】的值设为"70"，增加高光区的高度；将【光泽度】的值设为"35"，缩小高光区的尺寸，此时示例球的表面将产生明显的高光亮点。

（5）单击场景中的瓶子物体，确认为被选择状态。单击【材质编辑器】窗口工具行中的圆按钮，将此材质赋予瓶子物体，示例球窗口边缘出现了三角形，代表该窗口材质变成了同步材质。这时，如果再调整示例球的颜色，瓶子的颜色也将随之改变，此时示例球形态如图 7-3 所示。

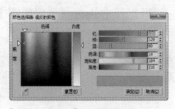

图 7-2　【颜色选择器】对话框形态　　　　　　　图 7-3　同步材质的状态

（6）此时虽然在透视图中已经看出了色彩和高光的变化，但这只是一种粗糙的预览效果，要想看到最终的产品级的效果，就必须通过三维渲染器渲染成平面图。单击主工具栏中的 按钮（渲染产品），在弹出的【渲染帧窗口】中会出现计算机渲染的过程。

> **要点提示**
>
> 渲染过程的快慢是由场景的模型、材质、灯光和特效等因素共同叠加决定的，场景越复杂则渲染速度越慢。除了优化场景之外，只能通过升级计算机设备来解决。渲染过程对显卡的要求非常高，针对三维动画制作，有一种专业的 3D 显卡系列可以对这个过程起到加速和优化的作用。

（7）关闭【渲染帧窗口】。在材质编辑的【Blinn 基本参数】面板中，将【自发光】/【颜色】的值分别设为"50"和"100"，材质调节过程中需要反复渲染才能观察到不同材质的变化效果，效果对比如图 7-4 所示。

　　【颜色】值为"0"　　　　【颜色】值为"50"　　　　【颜色】值为"100"

图 7-4　不同【颜色】值的自发光效果

> **要点提示**
>
> 如果勾选【颜色】选项，可从其右侧的颜色块中选择材质的自发光色。取消此项勾选时，材质使用其【漫反射】色作为自发光色，此时色块就变为数值输入状态，值为"0"时，材质无自发光，值为"100"时，材质有自发光。

（8）将【自发光】/【颜色】值再改回"0"，使其不发光。单击键盘上方横盘数字键中的 8 键，打开【环境和效果】窗口，单击【公共参数】/【背景】/【颜色】色块，在弹出的【颜色选择器】窗口中，将黑色调成白色。单击 确定(O) 按钮确定，此时，背景色就被改成了白色。关闭【环境和效果】窗口。

（9）然后在材质编辑器中，将【不透明度】值分别设为"20"和"70"，每调节一个参数都需要渲染一次，观察不同效果变化。如图 7-5 所示。

　　【不透明度】值为"20"　　　　【不透明度】值为"70"

图 7-5　不同【不透明度】的渲染效果

（10）将【不透明度】的值改为"100"，使瓶子不透明。

（11）勾选【明暗器基本参数】面板中的【线框】选项，此时透视图中的瓶子为线框方式，渲染效果如图7-6左图所示。

（12）勾选【双面】选项，瓶子背面的线框也显示出来，渲染效果如图7-6右图所示。在制作透视材质时也常使用此选项。

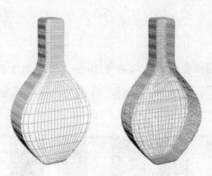

图7-6　瓶子的线框方式及双面方式

（13）单击窗口左上方的 按钮，在下拉列表中选择【另存为】命令，将此场景保存为"7_01.max"文件。此场景的线架文件以相同名字保存在教学资源包中的"范例\CH01"目录中。

【补充知识】

【明暗器基本参数】面板形态如图7-7所示。

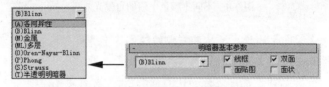

图7-7　【明暗器基本参数】面板

在此面板中可以指定【各向异性】、【Blinn】、【金属】、【多层】、【Oren-Nayar-Blinn】、【Phong】、【Strauss】和【半透明明暗器】这8种不同的材质渲染属性，由它们确定材质的基本性质。其中【Blinn】、【金属】和【各向异性】是最常用的材质渲染属性。

- 【Blinn】：以光滑的方式进行表面渲染，易表现冷色坚硬的材质。
- 【金属】：专用于金属材质的制作，可以做出金属的强烈反光效果。
- 【各向异性】：适用于椭圆形表面，如毛发、玻璃或磨沙金属模型的高光设置。

以上3种材质渲染属性的高光效果如图7-8所示。

【Blinn】　　　　　【金属】　　　　　【各向异性】

图7-8　几种材质渲染属性的高光效果

7.2.2 【ActiveShade】交互式渲染

从上面的例子中可以看出，在 3ds Max 系统中调制材质、灯光等属性时，总是要不断地重复渲染，几乎大部分时间都消耗在了等待中。尤其是场景中的材质非常复杂时，等待的时间就会更长。3ds Max 2012 中的【ActiveShade】交互式渲染窗口提供了一个渲染的预览视图，可以实时反映场景中灯光、材质的变化情况，当用户改变了灯光、材质的参数设置时，【ActiveShade】窗口会立即进行渲染。

下面我们以一个卡通头像的范例场景为例，分步介绍交互式渲染。

🔑 【ActiveShade】交互式渲染

（1）重新设定系统。单击窗口左上方快速访问工具栏中的 📂 按钮，打开教学资源包中的"范例\CH07\7_02.max"文件。这是一个卡通头像的动画范例场景，摄影机视图的效果如图 7-9 所示。

（2）单击摄影机视图"Camera01"字母，在弹出的快捷菜单中选择【扩展视口】/【ActiveShade】命令。稍等片刻，此视图就转换成了【ActiveShade】视图，效果如图 7-10 所示。

图 7-9　摄影机视图中的卡通头像

图 7-10　转换后的【ActiveShade】视窗

> **要点提示**　按住主工具栏中的 🔘 按钮，选择其下隐藏的 🔘 按钮，可以打开一个单独的【ActiveShade】浮动窗口，不过系统要求每次只能出现一个【ActiveShade】窗口。

（3）打开【材质编辑器】窗口。选择第一个示例球，在材质编辑器的中间位置有材质名称窗口，该材质的名称是【Helmet】，也可以在该窗口中直接编辑文字，更改名称。这是卡通人头所戴帽子的材质，材质位置如图 7-11 所示。

（4）将【漫反射】色改为【红】"230"、【绿】"231"、【蓝】"231"。每改变一个参数，【ActiveShade】视窗就立刻发生变化，效果如图 7-12 所示。

（5）在【颜色选择器】中单击 重置(R) 按钮，使得【漫反射】色又改回原值（【红】"113"、【绿】"119"、【蓝】"119"），【ActiveShade】视窗同步发生变化，非常方便。

（6）关闭【颜色选择器】窗口，再关闭【材质编辑器】窗口。单击主工具栏中的 🔘 按钮，利用【按名选择】功能选择"Spot01"聚光灯，单击 确定 按钮关闭【从场景选择】窗口。

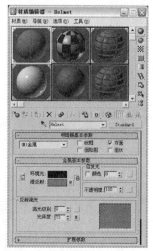

图 7-11　【Helmet】材质的位置

（7）单击 🔘 按钮进入修改命令面板，取消【常规参数】/【启用】选项的勾选，关闭"Spot01"

灯光的照射效果。【ActiveShade】视窗同步产生了图 7-13 所示的变化。

图 7-12　【漫反射】色修改后【ActiveShade】视窗变化　　图 7-13　关闭"Spot01"后【ActiveShade】视窗变化

（8）按 Ctrl + Z 组合键，取消上一步操作。

（9）将鼠标光标放在主工具栏中的 按钮上按住鼠标左键不放，在弹出的按钮组中选择 按钮，此时弹出如图 7-14 所示的【ActiveShade】信息对话框。

> **要点提示**　当场景中没有任何【ActiveShade】窗口时，不会出现这个信息。

（10）单击 确定 按钮，会出现如图 7-15 所示的窗口，它与视图中的【ActiveShade】视图用法完全相同。而相机视图恢复原始预览模式。

图 7-14　【ActiveShade】信息对话框

图 7-15　【ActiveShade】浮动窗口

【补充知识】

【ActiveShade】窗口中有一个专用的快捷菜单，可通过单击鼠标右键打开。【ActiveShade】窗口的所有命令都在其中，形态如图7-16 所示。

（1）【渲染】菜单。

- 【显示上次渲染结果】：将最近一次的渲染结果显示出来。

- 【渲染】：对当前视窗进行渲染。

- 【按上一次设置渲染】：重新对刚才渲染过的视窗再次进行渲染。

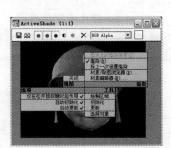

图 7-16　【ActiveShade】
视窗的所有命令

- 【材质/贴图浏览器】：打开【材质/贴图浏览】窗口。

- 【材质编辑器】：打开【材质编辑器】窗口。

（2）【工具】菜单。

- 【绘制区域】：勾选了这个功能后，可在【ActiveShade】窗口中框选一个区域，此后只有这个区域为激活状态。取消这个勾选后，在此区域外单击鼠标左键，就可以取消框选区域了。

- 【初始化】: 重新对这个窗口进行渲染，以体现场景的全部变化。
- 【更新】: 重新对这个窗口进行渲染，以体现场景的部分变化。这个命令无法更新物体的基本变动修改。
- 【选择对象】: 选择了这个命令后，可以在【ActiveShade】窗口中通过单击来选择一个物体，此后【ActiveShade】窗口的所有更新都针对被选择的物体来进行，这样可以大大地提高速度。

（3）【选项】菜单。

- 【仅在松开鼠标键时起作用】: 当勾选此选项时，在调节颜色和灯光倍增器的时候，鼠标左键未抬起之前，在【ActiveShade】窗口不会进行更新。当取消勾选此选项时，调节以上参数的时候，【ActiveShade】窗口会随着参数的变化立刻进行更新，而不等待鼠标左键的抬起。
- 【自动初始化】: 当勾选此选项时，场景中物体贴图的变化会在【ActiveShade】窗口中进行自动更新。
- 【自动更新】: 当勾选此选项时，除贴图外，对场景灯光和材质所做的修改会在【ActiveShade】窗口中自动更新。

（4）【视图】菜单。

- 【关闭】: 关闭当前视图。

7.3 漫反射贴图与贴图坐标

物体的固有色称为漫反射色，它决定着物体表面的颜色和纹理。因此材质编辑器中【漫反射颜色】贴图通道就是用来表现材质纹理效果的。多数物体在创建初期就已经拥有了默认的贴图坐标，当默认的贴图坐标不能满足要求时，可以通过添加特定的贴图坐标修改命令来进行二次修改。

【UVW 贴图】命令用于为物体表面指定贴图坐标，以确定材质如何投射到物体的表面。当为物体添加了该贴图坐标后，它便会自动覆盖以前指定的坐标，包括建立时的默认贴图坐标。

UVW 贴图坐标是 3ds Max 2012 常用的一种物体贴图坐标指定方式，它之所以不用 xyz 坐标系统，是因为贴图的坐标方式是一个相对独立的坐标系统。与物体的 xyz 坐标系统不同，它可以进行平移和旋转。如果将 UVW 坐标系统平行于 xyz 坐标系统，这时再来观察一个二维贴图图像，就会发现 U 相当于 x，代表贴图的水平方向；V 相当于 y，代表贴图的垂直方向；W 相当于 z，代表垂直于贴图平面的纵深方向。

当一个物体要求有几种类型的贴图方式时（如凹凸、透空、纹理等），由于每种贴图方式都要有不同的坐标系统，这时就应采用默认的坐标系统。相反，如果同一种材质要应用到几个不同物体上，必须根据不同物体形态进行坐标系统调整，这时，就应当采用 UVW 贴图坐标系统。如果这两种坐标方式产生冲突时，系统优先采用 UVW 贴图方式。

下面就利用一个广场场景来讲述贴图与贴图坐标的使用方法，结果如图 7-17 所示。

图 7-17 场景的贴图效果

7.3.1 平面贴图方式

平面贴图方式是将贴图沿平面映射到物体表面，这种贴图方式适用于平面物体的贴图需求，可以任意设置贴图的大小和比例，如图 7-18 所示。下面就利用平面贴图方式制作广场砖，效果如图 7-19 所示。

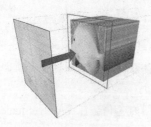

图 7-18 平面贴图方式

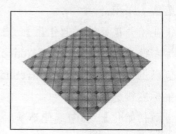

图 7-19 广场砖贴图效果

  平面贴图方式

（1）重新设定系统。单击窗口左上方快速访问工具栏中的 按钮，打开教学资源包中的"范例\CH07\7_03.max"场景文件。为了便于观察，此场景中的 4 个视图均调成了透视图。

> **要点提示** 在 3ds Max 2012 中，每个视图都可以自由转换成其他视角。每个视图右上角都有一个窗口标识，比如透视图就会显示【透视】，前视图就会显示为【前】。单击这些文字，会出现一个如图 7-20 左图所示的快捷菜单，在该菜单中选中需要转换的视图名称就可以实现视图转换了。这些名称之后有个英文字母，就是该视窗的快捷键。

（2）在右上方的透视图中单击方形的平面地板物体，然后单击右键，在快捷菜单中选择【隐藏未选定对象】命令，将其他没有被选中的物体隐藏起来。

（3）单击主工具栏中的 按钮，打开【材质编辑器】窗口。默认是第一个示例球为当前激活状态。在漫反射色块右侧有一个正方形的空白按钮，单击该按钮会弹出【材质/贴图浏览器】窗口。

（4）在该窗口中选择【位图】选项，如果找不到该选项，就将光标放到窗口右侧的垂直滑动条上，按住该滑动条向下拖动，下方隐藏的贴图选择就显示出来了。也可以滚动鼠标中键达到相同效果。

（5）然后单击 确定 按钮，在出现的【选择位图图像文件】对话框中选择教学资源包 "范例\CH07" 目录中的 "Dz02.jpg" 文件，单击 打开(O) 按钮，示例球上便出现了该贴图的形态。而且【材质编辑器】窗口下方的参数面板自动变成了该贴图的参数面板。

> **要点提示** 如果想回到上一层参数面板，可以单击 按钮（转到父对象），回到上一层参数面板后可以看到，刚才漫反射右边空白的方形按钮上出现了大写的 M，说明这个通道已经有了贴图。单击该按钮，可以进入【漫反射】\【贴图】层级，修改贴图的各种参数。

（6）确认方形地面物体为被选择状态，单击 按钮，将材质赋予选择的平面物体。单击工具行中的 按钮。透视图中的平面物体上会显示出贴图图案，右上角透视图中的贴图形态如图 7-20 右图所示。

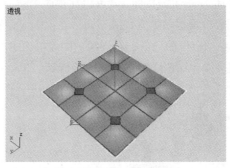

图 7-20　透视图中的贴图效果

要点提示　在下面的章节中，操作步骤 3～操作步骤 7，将简称为"为××物体赋××贴图"。

（7）在材质编辑器窗口中，确认目前处于【漫反射】\【Bitmap】参数层级。在【坐标】面板中将【瓷砖】\【U】和【V】的值都设为"3"，从而增加这两个方向上贴图的平铺次数。再将【角度】\【W】值设为"45"。此时透视图中的贴图效果如图 7-19 所示。

（8）选择菜单栏中的【编辑】/【暂存】命令，将场景暂存，以便将来恢复。

要点提示　使用【暂存】命令后，如果因为意外的原因中断程序的运行，在重新启动 3ds Max 2012 后可以使用【取回】命令调出暂存的场景，也可以在下面一系列操作后，返回到暂存状态。需要注意的是【取回】命令只能取回最后一次暂存的场景。

（9）单击【噪波】长标题栏，展开其下参数面板，勾选【启用】选项，然后修改【数量】的值为"20"。参数面板如图 7-21 所示。

（10）此时在透视图中看不出变化，可以单击主工具栏中的 按钮进行渲染，可以看到场景中的地面纹理发生了扭曲，效果如图 7-22 所示。本例只是为了讲述【噪波】参数的效果，所以才将这个值设置的大些，可以将该值设置成"1.5"，用来模拟真实场景中广场砖之间不规则的交错效果。

图 7-21　贴图的噪波参数面板

图 7-22　扭曲的广场砖贴图效果

（11）选择菜单栏中的【编辑】/【取回】命令，在弹出的【将要取回】对话框中单击　是(Y)　按钮，取回暂存的场景。

【补充知识】

为物体添加 UVW 贴图坐标后，其修改器堆栈中便会有【Gizmo】子对象层级。选择【Gizmo】层级后，可以对物体的贴图套框进行移动、旋转和缩放操作，从而对贴图的效果进行调节。如果在【材质编辑器】窗口中单击█按钮，就可以在视图中实时看到贴图调节的效果，如图 7-23 所示。

【Gizmo】贴图套框根据贴图方式的不同，在视图上显示的形态也不同，如图 7-24 所示。顶部的黄色标记表示贴图套框的顶部，右侧绿色的线框表示贴图的方向。对圆柱贴图方式和球形贴图方式的贴图套框来说，绿色线框是贴图的接缝处。

图 7-23　在视图中调节贴图套框

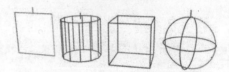

图 7-24　不同贴图方式的贴图套框

7.3.2　圆柱贴图方式

圆柱贴图方式是将贴图沿圆柱侧面映射到物体表面，适用于圆柱类物体的贴图需求，如图 7-25 所示。下面就利用圆柱贴图方式为支撑柱赋贴图，效果如图 7-26 所示。

图 7-25　圆柱贴图方式

图 7-26　支撑柱贴图效果

🔑　圆柱贴图方式

（1）继续上一场景。在激活视图中单击鼠标右键，在弹出的快捷菜单中选择【按名称取消隐藏】命令，在弹出的【取消隐藏对象】对话框中选择 "Cylinder01" ～ "Cylinder04" 物体，显示所有的圆柱体。

（2）勾选【材质编辑器】窗口中的【选项】/【将材质传播到实例】选项。这样做的目的是，在为单一实例物体赋材质时，可以自动给其他关联的实例物体也赋予相同的材质。激活第二个示例球，在漫反射贴图中加入 "Dz01.jpg" 贴图。

（3）激活左上方的透视图，选择视图中的一个圆柱体。将第二个示例球的材质赋给它。由于 4 个圆柱体是以【实例】方式复制的，因此在为其中一个圆柱体进行赋材质操作的同时，其余 3 个圆柱体也会发生相应的变化。

（4）此时圆柱体的顶面出现撕裂现象，而且平铺次数过少，如图 7-27 所示。

（5）在修改命令面板的【修改器列表】下拉列表中选择【UVW 贴图】命令，为圆柱体添加 UVW 贴图坐标。

（6）在【参数】面板中选择【柱形】贴图方式，并勾选其右侧的【封口】选项，为圆柱体的两个端面单独指定一个平面贴图，消除贴图的撕裂现象。

（7）将【U 向平铺】值设为"3"、【V 向平铺】值设为"2"，此时圆柱体的贴图状态如图 7-28 所示。

图 7-27　贴图的撕裂状态

图 7-28　圆柱体的贴图效果

（8）在【材质编辑器】窗口的【位图参数】面板内勾选【裁剪/放置】/【应用】选项，单击右侧的 查看图像 按钮，在弹出的【指定裁剪/放置】窗口中只选择一半范围内的贴图，此时圆柱体的贴图效果如图 7-29 所示。关闭【指定裁剪/放置】窗口，在透视图中观察贴图效果。

图 7-29　截取一半贴图及贴图效果

> **要点提示**
> 利用这种方法还可以截取贴图上的任意部分作为贴图使用，就像平面软件中的裁剪功能，该功能不对源文件进行修改，只是选取源文件的某一部分作为贴图用。

7.3.3　方体贴图方式

方体贴图方式即按 6 个垂直空间平面将贴图分别镜射到物体表面，如图 7-30 所示，适用于为立方体类物体的贴图需求。下面就利用方体贴图方式制作台基贴图，效果如图 7-31 所示。

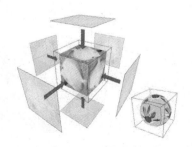
图 7-30　方体贴图方式

图 7-31　台基的渲染效果

方体贴图方式

（1）继续上一场景。在视图中单击鼠标右键，在弹出的快捷菜单中选择【按名称取消隐藏】选项，在【取消隐藏对象】对话框中选择【Rectangle01】选项，即台基物体，将其显示出来。

（2）在左下方的透视图中选择台基物体，为其赋 "Msk01.jpg" 贴图，渲染当前透视图，出现如图 7-32 左图所示的【缺少贴图坐标】对话框，如果单击 继续 按钮，继续渲染台基，就会出现如图 7-32 右图所示的效果。

图 7-32　【缺少贴图坐标】对话框及物体渲染结果

（3）在修改命令面板的【修改器列表】下拉列表中选择【UVW 贴图】命令，为台基添加 UVW 贴图坐标。

（4）在【参数】面板中选择【长方体】贴图方式，渲染当前透视图，效果如图 7-33 左图所示，但贴图后台基顶面贴图是正方形，侧面贴图是长方形，如图 7-33 右图所示。贴图坐标的【Gizmo】贴图套框的长、宽、高数值取值不相等，导致 6 个面的贴图变形。

图 7-33　台基的渲染效果

（5）在【参数】面板中将【高度】的值改为 "1501.5"，使其与【长度】和【宽度】的值一致，渲染透视图，此时台基顶面与侧面的贴图均为正方形，如图 7-31 所示。

7.3.4　球形贴图方式

球形贴图方式是将贴图沿球体内表面映射到物体表面，如图 7-34 所示，适用于为球体或类球体物体的贴图需求。下面就利用球形贴图方式制作顶棚贴图，效果如图 7-35 所示。

图 7-34　球形贴图方式　　　图 7-35　顶棚渲染效果

球形贴图方式

（1）继续上一场景。在视图中单击鼠标右键，在弹出的快捷菜单中选择【全部取消隐藏】选项，将隐藏的物体全部显示出来。

（2）在右下角的透视图中选择顶棚物体，然后在修改命令面板中的【修改器列表】下拉列表中选择【UVW 贴图】命令，为其添加 UVW 贴图坐标。

（3）在【参数】面板中选择【球形】贴图方式。

> **要点提示** 由于顶棚是布尔运算物体，这种方法会破坏物体原有的贴图坐标，因此需要重新为其添加贴图坐标。

（4）为顶棚物体赋"STUCCO4.jpg"（该素材文件为教学资源包中的"范例\ CH07\STUCCO 4.jpg"）贴图，渲染效果如图 7-36 左图所示，贴图纹理比较疏松。

（5）在【参数】面板中将【U 向平铺】和【V 向平铺】的值均设为"5"，增加平铺次数，渲染效果如图 7-36 右图所示。

图 7-36　顶棚的贴图效果

（6）单击窗口左上方的 按钮，在下拉列表中选择【另存为】命令，将此场景另存为"7_03_ok.max"文件。将此场景的线架文件以相同名字保存在教学资源包中的"范例\CH07"目录中。

7.3.5　常用贴图与贴图通道

一个完整的材质是由众多物理属性共同构建的，每一种物理属性都有一个专用的贴图通道，在这些贴图通道中贴入不同的贴图，就可以得到千变万化的材质效果。这些贴图通道都存放在【贴图】面板中，如图 7-37 所示。

图 7-37　【贴图】面板形态

在【贴图】面板中，每种贴图通道右侧都有一个 None 按钮，通过单击此按钮，可打开【材质/贴图浏览器】窗口，在此窗口中选择一种贴图类型就可以激活该通道。

表 7-1 所示为其中常用的几个贴图通道及其效果与说明。

表 7–1 常用的几个贴图通道及效果说明

贴图通道	效果	说明
【漫反射颜色】		主要用于表现材质的纹理效果，当将它设置为 100%时，会完全覆盖漫反射色的颜色
【高光颜色】		在物体的高光处显示出贴图效果
【光泽度】		在物体的反光处显示出贴图效果，贴图的颜色会影响反光的强度
【自发光】		将贴图以一种自发光的形式贴在物体表面，图像中纯黑的区域不会对材质产生任何影响，非纯黑的区域将会根据自身的颜色产生发光效果，发光的地方不受灯光以及投影的影响
【不透明度】		利用图像明暗度在物体表面产生透明效果，纯黑色的区域完全透明，纯白色的区域完全不透明
【凹凸】		通过图像的明暗强度来影响材质表面的光滑程度，从而产生凹凸的表面效果。白色图像产生凸起效果，黑色图像产生凹陷效果，中间色产生过渡效果
【反射】		通过图像来表现出物体反射的图案，该值越大，反射效果越强烈。它与【Diffuse Color】贴图方式相配合，会得到比较真实的效果
【折射】		折射贴图方式模拟空气和水等介质的折射效果，在物体表面产生对周围景物的折射效果。与反射贴图不同的是它表现的是一种穿透效果

7.4 复合材质

除了以上介绍的标准材质以外，3ds Max 2012 还提供了许多功能各异的非标准材质，其中较为新颖简便的材质是建筑材质，这类材质有很多预设的材质属性，如玻璃、金属、塑料等，不需要用户去专门设置这些材质的反射、高光等材质属性，系统会根据场景自动进行计算，使用起来非常方便。另外还有一些比较常用的复合材质类型，例如【多维/子对象】材质，本节将重点介绍这些材质的具体使用方法。

7.4.1 【建筑】材质

【建筑】材质能快速模拟真实世界中的木头、石头、玻璃等材质，可调节的参数很少，内置了光线跟踪的反射、折射和衰减，与光度学灯光和光能传递一起使用时，能够得到最逼真的效果。

建筑材质

（1）重新设定系统。单击窗口左上方快速访问工具栏中的按钮，打开教学资源包中的"范例\CH07\7_04.max"场景文件。这是一个带灯光阴影的圆柱与球体场景，透视图渲染效果如图 7-38 左图所示。

（2）选择圆柱体，单击主工具栏中的按钮，打开【材质编辑器】窗口，选择一个未编辑的示例球。

（3）单击 Standard 按钮，在弹出的【材质/贴图浏览器】窗口中选择【建筑】选项，在【模板】面板中选择【擦亮的石材】选项，在【物理性质】面板中的【漫反射贴图】通道中贴入【平铺】程序贴图。

（4）在【高级控制】面板中将【平铺设置】/【纹理】色设为【红】"240"、【绿】"221"、【蓝】"187"的黄色，将此材质赋予圆柱体。

（5）在【材质编辑器】窗口中选择一个未编辑的示例球，利用前面的方法为其添加【建筑】材质，在【模板】面板中选择【金属-擦亮的】选项，将此材质赋予"Sphere01"球体。

（6）在【材质编辑器】窗口中选择一个未编辑的示例球，为其添加【建筑】材质，在【模板】面板中选择【玻璃-清晰】选项，将此材质赋予"Sphere02"球体。

（7）在【材质编辑器】窗口中选择一个未编辑的示例球，利用前面的方法为其添加【建筑】材质，在【模板】面板中选择【塑料】选项，将此材质赋予"Sphere03"球体。

（8）渲染透视图，各建筑材质效果如图 7-38 右图所示。

图 7-38　添加建筑材质前后的渲染效果比较

（9）单击窗口左上方的 按钮，在下拉列表中选择【另存为】命令，将此场景另存为"7_04_ok.max"文件。将此场景的线架文件以相同名字保存在教学资源包的"范例\CH07"目录中。

【补充知识】

选择【建筑】材质后，在【材质编辑器】窗口中有如下几个参数面板。

- 【模板】面板
- 【物理性质】面板
- 【特殊效果】面板
- 【高级照明覆盖】面板
- 【超级采样】面板
- 【mental ray 连接】面板

在这里重点介绍【模板】面板和【物理性质】面板。

（1）【模板】面板形态如图 7-39 所示。

【模板】面板提供了可选择材质类型的列表，对于【物理性质】面板而言，模板不仅可以提供要创建材质的近似种类，而且可以提供这些材质的基本物理参数。选择好模板后再通过添加贴图等方法增强材质效果的真实感。

（2）【物理性质】面板形态如图 7-40 所示。

- 【漫反射颜色】：设置漫反射的颜色，即该材质在灯光直射时的颜色。

图 7-39　【模板】面板形态

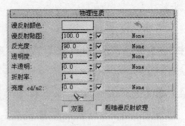

图 7-40　【物理性质】面板形态

- ⟳ 按钮：单击此按钮可根据【漫反射贴图】通道中所指定的贴图计算出一个平均色，将此颜色设置为材质的漫反射颜色。如果在【漫反射贴图】通道中没有贴图，则这个按钮无效。

- 【漫反射贴图】：为材质的漫反射指定一个贴图。

- 【反光度】：设置材质的反光度。该值是一个百分比值，值为 100 时，此材质达到最亮；值越低，光泽越暗；当值为 0 时，完全没有光泽。

- 【透明度】：控制材质的透明程度。该值是一个百分比值，当值为 100 时，该材质完全透明；值越低，材质越不透明；值为 0 时，该材质完全不透明。

- 【半透明】：控制材质的半透明程度。半透明物体是透光的，但是也会将光散射于物体内部。该值是一个百分比值，当值为 0 时，材质完全不透明；当值为 100 时，材质达到最大的半透明程度。

- 【折射率】：折射率（IOR）控制材质对透过的光的折射程度和该材质显示的反光程度。范围为 "1.0" ～ "2.5"。

- 【亮度 cd/m^2】：当亮度大于 0 时，材质显示出光晕效果。亮度以每平方米坎得拉进行测量。

- ⟍ （由灯光设置亮度）按钮：单击此按钮可通过选择场景的灯光为材质指定一个亮度，这样灯光的亮度就会被设置为材质的亮度。

- 【双面】：勾选此选项使材质双面显示。

- 【粗糙漫反射纹理】：勾选此选项，将从灯光和曝光控制中排除材质，使用漫反射颜色或贴图将材质渲染为完全的平面效果。

7.4.2　【多维/子对象】材质

【多维/子对象】材质是将多个材质组合成为一种复合式材质，分别指定给一个物体的不同子物体。下面介绍【多维/子对象】材质的基本用法。

🔑　【多维/子对象】材质

（1）重新设定系统。单击创建命令面板中的 圆柱体 按钮，在前视图中创建一个【半径】值为 "10"、【高度】值为 "70" 的圆柱体。

（2）单击 ✎ 按钮进入修改命令面板，在【修改器列表】下拉列表中选择【编辑多边形】命令，单击【选择】面板中的 ▣ 按钮，在前视图中选择如图 7-41 左图所示的多边形。

（3）在【多边形属性】面板中设置【材质】/【设置 ID】号为 "2"，位置如图 7-41 右图所示，这样其余位置上的材质 ID 号就默认为"1"。

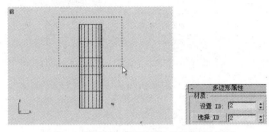
图 7-41　所选多边形的位置及 ID 号位置

（4）关闭█按钮。单击主工具栏中的按钮，打开【材质编辑器】窗口，选择一个示例球，单击 Standard 按钮，在弹出的【材质/贴图浏览器】窗口中选择【多维/子对象】选项，在随后弹出的【替换材质】对话框中选择默认选项，再单击 确定 按钮。

（5）在【多维/子对象基本参数】面板中单击 设置数量 按钮，将材质数设为"2"。

（6）进入 1 号材质编辑器，在【Blinn 基本参数】面板中将【漫反射】色设为红色。

（7）单击按钮，返回上级材质编辑对话框。进入 2 号材质编辑器，在【贴图】/【漫反射颜色】贴图通道内贴入【棋盘格】程序贴图。

（8）在【坐标】面板中，将【U 向平铺】和【V 向平铺】的值均设为"10"。

（9）单击按钮，将此材质赋予圆柱体，透视图的渲染效果如图 7-42 所示。

【补充知识】

【多维/子对象基本参数】面板形态如图 7-43 所示。

图 7-42　圆柱体的多维/子对象材质效果　　　图 7-43　【多维/子对象基本参数】面板形态

- 设置数量 按钮：设置子级材质的数目。
- 添加 按钮：单击一下此按钮，就在最后增加一个子级材质。
- 删除 按钮：单击一下此按钮，就从后往前删除一个子级材质。

在 3ds Max 2012 系统中，由于门、窗类建筑构件都自动设置了材质 ID 号，这样利用【多维/子对象】材质就可以直接为其设置材质。下面就介绍利用【多维/子对象】材质为门窗类物体赋予材质的制作过程。

为门窗类物体赋予多维/子对象材质

（1）重新设定系统。在透视图中创建一个枢轴门，各参数面板的设置如图 7-44 所示。

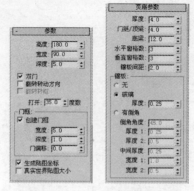

图 7-44 枢轴门的参数设置

（2）单击主工具栏中的 按钮，打开【材质编辑器】窗口，选择一个示例球，单击 按钮，在打开的【材质/贴图浏览器】窗口中单击左上角的 图标，在弹出的快捷菜单中选择【打开材质库】命令，在弹出的【导入材质库】窗口中找到 "X:\Program Files\Autodesk\3ds Max 2012\material libraries" 目录（其中 "X:" 表示本机程序所在盘符），在该目录中单击 "AecTemplates.mat" 文件，然后单击 打开(O) 按钮。文件位置如图 7-45 左图所示。

  如果要想关闭 "AecTemplates.mat" 材质库，可以在【材质/贴图浏览器】\【AecTemplates.mat】标题栏上单击右键，在弹出的快捷菜单中选择【关闭材质库】命令，如图 7-45 右图所示。

图 7-45 【打开材质库】对话框形态

（3）该材质库被调入【材质/贴图浏览器】窗口中，选择一个没有编辑过的示例球，双击【Door-Template】材质，将其调入当前选择的示例球中，此时【多维/子对象基本参数】面板形态如图 7-46 所示。

（4）确认 "门" 物体为被选择状态，单击 按钮，将此材质赋予场景中的门物体。在【多维/子对象基本参数】面板中调节各材质通道的颜色，查看各通道在门中的不同位置，效果如图 7-47 所示。

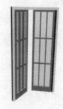

图 7-46 【多维/子对象基本参数】面板形态　　　图 7-47 门各位置上的不同材质

（5）单击窗口左上方快速访问工具栏中的█按钮，将此场景保存为"7_05.max"文件。此场景的线架文件以相同名字保存在教学资源包的"范例\CH07"目录中。

7.4.3　混合材质

混合材质是将两种贴图混合在一起，通过混合数量值可以调节混合的程度，通常用来表现同一物体表面覆盖与裸露的两种不同的材质特征，类似掉了一块墙皮的砖墙效果。

🔑　混合材质

（1）重新设定系统。单击窗口左上方快速访问工具栏中的█按钮，打开教学资源包中的"范例\ CH07\7_06.max"场景文件。

（2）打开【材质编辑器】窗口，选择一个示例球，单击 Standard 按钮，在弹出的【材质/贴图浏览器】窗口中选择【混合】选项，在【替换材质】窗口中选择【丢弃旧材质】选项，单击 确定 按钮。

（3）在【混合基本参数】面板中，单击【材质1】右侧的长按钮，进入子材质命令面板，在该面板中的【漫反射颜色】贴图通道内贴入【平铺】程序贴图，在【坐标】面板内将【U向平铺】和【V向平铺】的值均设为"8"，其他面板中的参数设置见图7-48。

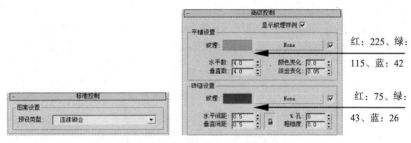

图 7-48　【平铺】程序贴图各面板中的设置

（4）单击█按钮，返回最顶层的【材质编辑器】窗口。

（5）在【材质 2】编辑窗口中，在【漫反射颜色】贴图通道内贴入【灰泥】程序贴图，【灰泥参数】面板中的设置如图7-49所示。

（6）单击█按钮，返回最顶层的【材质编辑器】窗口。在【遮罩】贴图通道内贴入【泼溅】程序贴图，修改【泼溅参数】面板中的参数设置至如图7-50所示。

图 7-49　【灰泥参数】面板中的设置

图 7-50　【泼溅参数】面板中的参数

（7）将此材质赋予场景中的物体，渲染透视图，效果如图7-51所示，此时墙体并没有出现凹凸效果。

（8）在【材质1】编辑窗口中，将【漫反射颜色】贴图通道中的贴图以【实例】方式复制到

【凹凸】贴图通道内，并修改【凹凸】值为 "999"。

（9）进入【材质 2】编辑窗口，单击【凹凸】贴图通道右侧的 None 按钮，在弹出的【材质/贴图浏览器】窗口中选择【浏览自】/【材质编辑器】选项，然后在右侧对话框内选择【遮罩】贴图，在弹出的【实例还是副本】对话框中选择【实例】选项。

（10）将【凹凸】值设为 "-200"，渲染透视图，产生明显的凹凸效果，如图 7-52 所示。

图 7-51　透视图的渲染效果　　　　　　图 7-52　墙面的凹凸效果

（11）单击窗口左上方的⑤按钮，在下拉列表中选择【另存为】命令，将此场景另存为 "7_06_ok.max" 文件。此场景的线架文件以相同名字保存在教学资源包的 "范例\CH07" 目录中。

 为灰泥制作凹凸时选【实例】方式，是为了使遮罩与灰泥贴图之间在修改参数时，可以保持同步修改，使凹凸效果始终保持在墙面破拐的边缘。

【补充知识】

【混合基本参数】面板形态如图 7-53 所示。

- 【材质 1】/【材质 2】：分别在两个通道中设置贴图。
- 【遮罩】：选择一张贴图作为两个材质上的遮罩，利用遮罩图案的明暗度来决定两个材质的混合情况。
- 【混合量】：如果【遮罩】中无贴图，可通过此值来控制两个贴图混合的程度。值为 "0" 时，【材质 1】完全显现。值为 "100" 时，【材质 2】完全显现，如图 7-54 所示。

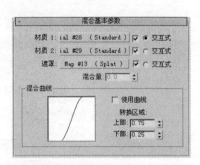

图 7-53　【混合基本参数】面板

【混合量】：0　　　　　　【混合量】：50　　　　　　【混合量】：100

图 7-54　不同【混合量】的材质混合效果

7.5 制作群体玻璃材质

玻璃效果不只是调节透明度这么简单，它还包含了折射及表面反射等属性，另外玻璃还具有不同的过渡色效果，这些都是增强玻璃真实感的重要手段，本节将以一个国际象棋的场景为例，介绍各种反射与折射效果的使用方法，效果如图 7-55 所示。

7.5.1　凹凸材质

凹凸材质的原理是通过图像的明暗强度来影响材质表面
的光滑程度，从而产生凹凸的表面效果。白色图像产生凸起，
黑色图像产生凹陷，中间色产生过渡，这是模拟凹凸质感常
用的方法，常用于制作砖墙及石板路面。这种制作方法的优
点是渲染速度快，但缺点是凹凸部分不会产生阴影的投影效

图 7-55　象棋场景的渲染结果

果，在物体的边界上也看不到真正的凹凸，因此比较适合制作表面为浅凹凸的效果。

🔑　制作凹凸材质

（1）重新设定系统。单击窗口左上方快速访问工具栏中的 📂 按钮，打开教学资源包中的"范
例\CH07\7_07.max"场景文件。

（2）单击主工具栏中的 🔍 按钮，利用【按名选择】功能选择场景中的"Table"物体，即棋
盘下的台面，然后将未被选择的物体隐藏起来。

（3）单击主工具栏中的 🔘 按钮，打开【材质编辑器】窗口，选择一个未编辑过的示例球，
将【漫反射】色设为【红】："255"、【绿】："249"、【蓝】："220"的浅黄色，然后单击 🔳 按钮，
将此材质赋予"Table"物体。

（4）在【材质编辑器】窗口中展开【贴图】面板，在【凹凸】贴图通道中贴入教学资源包"范
例\CH07"目录中的"CARPTTAN.JPG"文件，在【坐标】面板中，将【U 向平铺】的值设为"3"、
【V 向平铺】的值设为"6"。

（5）激活【Camera01】视图，单击主工具栏中的 🔘 按钮进行渲染，效果如图 7-56 所示。

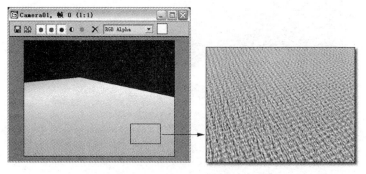

图 7-56　【Camera01】视图的渲染效果

7.5.2　木纹材质

通过在【漫反射颜色】贴图通道中进行贴图处理来制作棋盘格边框的木纹效果，要重点注意
的细节是表现出木纹的高光效果。

🔑　制作木纹材质

（1）继续上一场景。在任意视图中单击鼠标右键，在弹出的快捷菜单栏中选择【按名称取消

隐藏】命令，在弹出的【取消隐藏对象】对话框中选择"Chessboard_Side"物体，单击 取消隐藏 按钮，将其显示出来。

（2）选择"Chessboard_Side"物体，在【材质编辑器】窗口中选择一个未编辑过的示例球，将【高光级别】值设为"95"、【光泽度】值设为"35"。

（3）展开【贴图】面板，在【漫反射颜色】贴图通道中贴入教学资源包"范例\CH07"目录中的"A-D-122.tif"文件，在【坐标】面板中，将【U 向平铺】的值设为"40"。

（4）单击 按钮，将此材质赋予所选的"Chessboard_Side"物体。

（5）单击示例球对话框下方的 按钮，在场景中显示材质效果，此时物体背面的材质为不可见状态，效果如图 7-57 左图所示。

（6）单击【材质编辑器】窗口中的 按钮，回到上级材质编辑窗口，勾选【双面】选项，此时场景中物体背面的材质为可见状态，如图 7-57 右图所示。

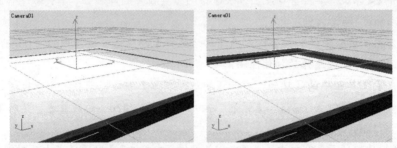

图 7-57 材质在摄影机视图中的显示效果

（7）单击主工具栏中的 按钮，渲染【Camera01】视图，效果如图 7-58 所示。

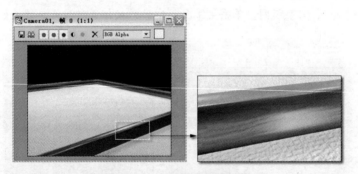

图 7-58 木纹材质的渲染效果

7.5.3 环境反射材质

通过使用【反射/折射】贴图方式来产生表面反射和折射效果，将它指定给【反射】贴图通道时可产生曲面反射效果；将它指定给【折射】贴图通道时可产生曲面折射效果。

【反射/折射】贴图的工作原理被称为 6 面贴图的立方体投影方式，也就是以赋有【反射/折射】贴图方式的物体为中心，向外以 90° 增量角转动，产生 4 张侧视图、1 张顶视图和 1 张底视图，再将这 6 张图拼接在一起，形成一个 360° 的视图，最终将这个 360° 的视图以球形贴图方式贴在物体表面，这一过程就好像是用摄影机向 6 个不同的方向拍照，然后再将这些照片拼接在一起。

制作环境反射材质

（1）继续上一场景。在【材质编辑器】窗口中展开【贴图】面板，在【反射】贴图通道内贴入 3ds Max 2012 系统自带的【反射/折射】贴图。

（2）单击 按钮，返回上一级材质编辑窗口，将【反射】值设为 "35"。

（3）单击主工具栏中的 按钮，渲染【Camera01】视图，效果如图 7-59 所示。

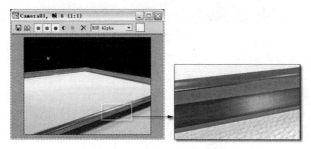

图 7-59　环境反射材质效果

7.5.4　棋盘格材质

利用【棋盘格】贴图可以产生两色方格交错的图案，也可以用两个交错方格指定不同的贴图，因此通过棋盘格贴图间的嵌套，可以产生多样的方格图案效果，常用于制作一些格状、板块状的纹理。

制作棋盘格材质

（1）继续上一场景。在视图中单击鼠标右键，在弹出的快捷菜单栏中选择【按名称取消隐藏】选项，在弹出的【取消隐藏对象】对话框中选择 "Chessboard" 选项，即棋盘格物体，单击 取消隐藏 按钮将其显示出来，并选择。

（2）在【材质编辑器】窗口中选择一个未编辑过的示例球，将【高光级别】值设为 "96"、【光泽度】值设为 "25"，展开【贴图】面板，其材质设置如图 7-60 所示。

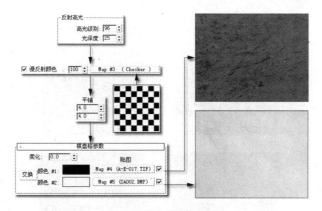

图 7-60　棋盘格材质设置

（3）单击 按钮，将此材质赋予 "Chessboard" 物体。

（4）单击主工具栏中的 按钮，渲染【Camera01】视图，效果如图 7-61 所示。

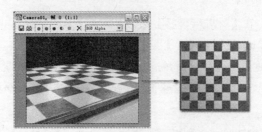

图 7-61　棋盘格材质的渲染效果

7.5.5　平面镜反射材质

【平面镜】贴图专用于在物体的一组共平面上产生平面镜反射效果，通常指定给【反射】贴图通道。由于【平面镜】是用来制作平面镜反射效果的，因此在使用时应注意以下 3 点。

- 平面镜反射贴图不能赋予曲面物体，但可以赋予平面物体。
- 平面镜反射贴图要与物体的 ID 号相对应。
- 如果将平面镜反射贴图指定给多个面，这些面必须共处一个平面。

制作平面镜反射材质

（1）继续上一场景，在【材质编辑器】窗口中的【反射】贴图通道内贴入【平面镜】贴图。

（2）在【平面镜参数】面板中，勾选【渲染】/【应用于带 ID 的面】选项，其右侧文本框中的默认 ID 号为 "1"。

（3）单击 按钮，返回上一级材质编辑对话框，将【反射】值设为 "30"，降低反射强度。

（4）在视图中单击鼠标右键，在弹出的快捷菜单栏中选择【全部取消隐藏】选项，将物体全部隐藏起来。

（5）单击主工具栏中的 按钮，渲染【Camera01】视图。不同【反射】值的渲染效果比较如图 7-62 所示。

（6）将【反射】值依旧设为 "30"。

图 7-62　不同【反射】值的渲染效果比较

7.5.6　【光线跟踪】折射材质

【光线跟踪】贴图方式是一种最准确地模拟物体反射与折射效果的贴图类型，比【反射/折射】的 6 面贴图法所模拟的反射、折射效果要精确得多，但它的渲染时间也会加长。

🔑　制作光线跟踪折射材质

（1）继续上一场景。单击主工具栏中的 按钮，将其改为 形态，在顶视图中选择如图 7-63 所示的物体。

（2）在【材质编辑器】窗口中选择一个未编辑过的示例球，将阴影方式改为【各向异性】，【漫反射】色设为红、绿、蓝均为 "208" 的灰色，【各向异性基本参数】面板中的各参数设置如图 7-64 所示。

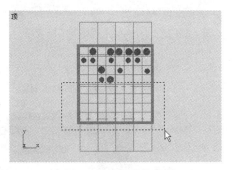
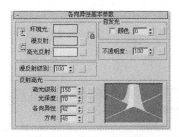

图 7-63　所选物体范围　　　　　图 7-64　【各向异性基本参数】面板中的参数设置

（3）在【折射】贴图通道内贴入【光线跟踪】贴图。

（4）在【光线跟踪参数】面板中，单击【背景】栏中的　　　无　　　按钮，贴入【衰减】程序贴图。

（5）单击【衰减参数】面板右侧的 按钮，颠倒黑白两色的位置。

（6）单击两次 按钮，返回顶层材质编辑对话框，将【折射】值设为 "80"。单击 按钮，将此材质赋予所选物体。

（7）单击主工具栏中的 按钮，渲染【Camera01】视图，效果如图 7-65 所示。

图 7-65　光线跟踪材质的渲染效果

下面利用这种白色玻璃材质，来制作绿色玻璃棋子的材质。

（8）在顶视图中选择如图 7-66 所示的物体。

（9）在【材质编辑器】窗口中，在刚做好的光线跟踪材质上按住鼠标左键，将其复制到一个未编辑过的示例球上，并将复制后的示例球名称改为"G_Glass"。

（10）将【漫反射】色改为【红】"97"、【绿】"145"、【蓝】"65"的绿色；在【扩展参数】面板中，将【过滤】色设为【红】"119"、【绿】"164"、【蓝】"125"的浅绿色。

（11）单击 按钮，将此材质赋予所选物体。

（12）单击主工具栏中的 按钮，渲染【Camera02】视图，效果如图 7-67 所示。

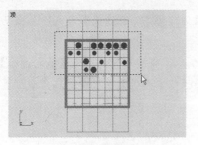
图 7-66　所选物体范围

图 7-67　【Camera02】视图的渲染效果

（13）单击窗口左上方的 按钮，在下拉列表中选择【另存为】命令，将此场景另存为"7_07_ok.max"文件。此场景的线架文件以相同名字保存在教学资源包的"范例\CH07"目录中。

7.6　制作金属质感材质

本节通过制作金属质感的太阳系仪和塑料底座，介绍如何使用光线跟踪反射材质表现金属质感，另外还要介绍【金属】与【各向异性】明暗方式的使用方法。最终效果如图 7-68 所示。

图 7-68　金属质感的太阳系仪

7.6.1　环境背景贴图

在【环境和效果】对话框中为场景添加一个背景贴图，这样可以使最终渲染的场景拥有一个环境背景。通常背景贴图都需要在 Photoshop 中进行修改，如本例中的背景就是先在 Photoshop 中进行了模糊处理的。

制作环境背景贴图

（1）重新设定系统。单击窗口左上方快速访问工具栏中的 按钮，打开教学资源包中的"范例\CH07\7_08.max"场景文件，该文件中包含一个太阳系仪和一个桌面。

（2）选择菜单栏中的【渲染】/【环境】命令，打开【环境和效果】对话框。

（3）单击【公用参数】面板中的 无 按钮，在弹出的【材质/贴图浏览器】窗口中选择【位图】选项，然后单击 确定 按钮。

（4）在出现的【选择位图图像文件】对话框中选择教学资源包"范例\CH07"目录中的"Bg005.bmp"文件，单击 打开(O) 按钮，然后关闭【环境和效果】对话框。

（5）单击主工具栏中的 按钮，渲染【Camera01】视图，此时出现了背景贴图，效果如图 7-69 所示。

7.6.2　金属材质

利用【光线跟踪】贴图方式为太阳系仪制作金属材质，其制作的关键是要将明暗方式设为"金属"，然后再提高反射强度，这样才能更好地表现出金属效果。

⚷　制作金属材质

（1）继续上一场景。单击主工具栏中的◼️按钮，打开【材质编辑器】窗口。

图 7-69　【Camera01】视图渲染效果

（2）选择一个未编辑的示例球，将其明暗方式设为"金属"，展开【贴图】面板，在【反射】贴图通道内贴入【光线跟踪】贴图方式，其余参数设置见图 7-70。

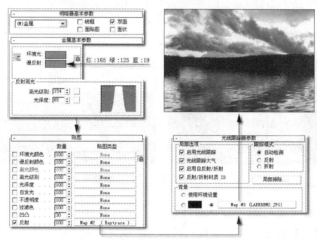

图 7-70　金属材质设置

（3）利用▥️【按名选择】功能选择场景中的"Orrery"物体，单击【材质编辑器】窗口中的▥️按钮，将此材质赋予所选择的物体。

（4）单击主工具栏中的◻️按钮，渲染【Camera01】视图，效果如图 7-71 所示。

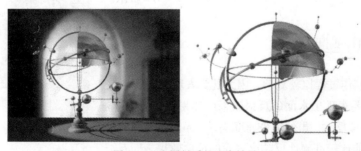

图 7-71　金属材质的渲染效果

7.6.3　硬塑料材质

下面将利用【各向异性】明暗器来制作塑料材质效果。【各向异性】明暗器可以调节两个垂直正交方向上可见高光尺寸之间的差额，它提供了一种"折叠光"的高光效果，这种明暗方式可以很好地表现毛发、塑料及被擦拭过的金属效果等。

制作塑料材质

（1）继续上一场景。在【材质编辑器】窗口中选择一个未编辑过的示例球，将明暗方式改为"各向异性"，其余参数设置见图7-72。

（2）利用![img]【按名选择】功能选择场景中的"Base"物体，单击【材质编辑器】窗口中的![img]按钮，将此材质赋予所选择的物体。

（3）单击主工具栏中的![img]按钮，渲染【Camera01】视图，效果如图7-73所示。

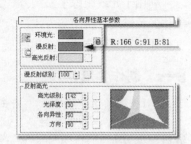

图7-72　塑料材质参数设置

图7-73　塑料材质渲染效果

（4）单击窗口左上方的![img]按钮，在下拉列表中选择【另存为】命令，将此场景另存为"7_08_ok.max"文件。此场景的线架文件以相同名字保存在教学资源包的"范例\CH07"目录中。

7.7　制作涌动的海面

本节通过制作涌动的海面效果，来学习细胞贴图的使用方法，并加深对凹凸贴图通道的理解。最终效果如图7-74所示。

7.7.1　制作水面材质

水面材质的制作过程比较复杂，因为既要表现水面涌动时的凹凸效果，又要表现出水面的反射效果。如果用【反射】/

图7-74　涌动的海面

【折射】贴图来模拟反射，虽然渲染速度快，但不真实，因此需要使用【光线跟踪】贴图来制作水的反射效果，才能比较准确地反映出水面的反射效果。

制作水面材质

（1）重新设定系统。单击窗口左上方快速访问工具栏中的![img]按钮，打开教学资源包中的"范例\CH07\7_09.max"场景文件，这是一个海面场景。

（2）选择菜单栏中的【渲染】/【环境】命令，打开【环境和效果】对话框，为场景赋予教学资源包"范例\CH07"目录中的"SE169.bmp"文件，作为环境背景贴图。

（3）单击主工具栏中的 按钮，打开【材质编辑器】窗口，选择一个未编辑过的示例球，将其明暗方式改为"Phong"，其余参数设置见图 7-75。

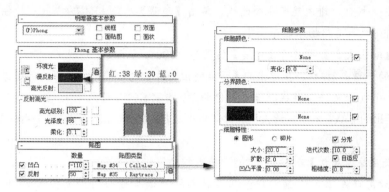

图 7-75　材质参数设置

（4）利用 【按名选择】功能选择场景中的"SeaSurface"物体，单击【材质编辑器】窗口中的 按钮，将此材质赋予所选择的物体。

（5）单击主工具栏中的 按钮，渲染【Camera01】视图，效果如图 7-76 所示。

此时海面颜色比较暗淡，不是很亮丽，需要进行修改。

（6）在【材质编辑器】窗口中的【贴图】面板里，将【反射】贴图通道中的材质以【实例】方式复制到【漫反射颜色】贴图通道中，然后将【漫反射颜色】值改为"35"。

（7）单击主工具栏中的 按钮，渲染【Camera01】视图，此时海面颜色变得明亮起来，效果如图 7-77 所示。

图 7-76　【Camera01】视图的渲染效果

图 7-77　海面渲染效果

7.7.2　材质动画及渲染输出

在【材质编辑器】窗口中有些参数是可以用来制作动画的，通过对这些参数的调节，可以得到材质的动画效果。下面就利用【材质编辑器】窗口中的【偏移】值来制作一段水面涌动的动画。

材质动画及渲染输出

（1）继续上一场景。在【材质编辑器】窗口中进入【凹凸】贴图通道的【坐标】面板。

（2）单击动画设置区中的 自动关键点 按钮，使其变为红色激活状态，再单击 按钮，此时时间滑块自动跳到最后一点的位置。

（3）在【坐标】面板中将【Z】向的【偏移】值设为"20"，单击 自动关键点 按钮，使其关闭。

（4）单击主工具栏中的 按钮，打开【渲染场景】对话框，选择【时间输出】栏内的【活动时间段】选项。

（5）单击 按钮，进入显示命令面板，单击【隐藏】/ 按名称取消隐藏... 按钮，将场景内隐藏的"SpaceShip"即飞船物体显示出来。

（6）在【输出大小】栏内将【宽度】值设为"400"、【高度】值设为"300"，然后单击【渲染输出】栏内的 文件... 按钮，在弹出的【渲染输出文件】对话框中选择保存的目录，设文件名为"SeaSurface.avi"（此文件保存在教学资源包的"范例\CH07"目录中），单击 保存(S) 按钮。

（7）在弹出的【AVI文件压缩设置】对话框中选择"Microsoft Video 1"选项，单击 确定 按钮。

（8）单击【渲染场景】对话框中的 渲染 按钮，进行渲染。

（9）单击窗口左上方的 按钮，在下拉列表中选择【另存为】命令，将此场景另存为"7_09_ok.max"文件。此场景的线架文件以相同名字保存在教学资源包的"范例\CH07"目录中。

小结

本章主要介绍了以下几部分内容。

（1）【材质编辑器】与基础材质应用。3ds Max 2012提供了大量的预设材质，基本可以满足各种场景需求，其中不乏经典材质效果，在对不是特别熟悉的材质进行编辑时，可以先调用这些材质，进行材质属性设定，同样可以制作出逼真的材质效果。

想学习具体的材质调节，就必须从基础入手。首先应当理解这些基本材质属性的含义，然后改变不同材质属性的参数，渲染并观察它们的变化，从而不断地体会不同的参数组合带来的材质效果。

（2）贴图与贴图通道。调材质，先贴图。这是初学者最常用的一种调节材质过程，但要想贴好图则必须弄懂贴图坐标的概念，从应用角度来说可以简单地把贴图坐标分为两大类，一类是默认贴图坐标，一类是自定义贴图坐标。默认贴图坐标是物体刚创建时就拥有的，不需要用户修改的贴图方式，而自定义贴图坐标则需要通过添加UVW贴图修改器，人为指定物体的贴图坐标及贴图方式。这是学习贴图的首要基本功。

（3）复合材质类型。这些复合材质都是针对特殊用途定制的，它们的概念和操作方法都比较复杂，首先要理解它们的用途，而不只是简单地学会几种操作方法。

这里需要重点强调的是建筑材质，它提供给用户的是更少的参数，通过整合的物理属性更多地由计算机来生成自然逼真的材质效果，省去了烦琐的调节过程，是一种未来材质的发展方向。

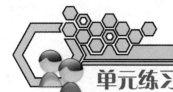

单元练习

一、填空题

1. 物体的固有色称为_____，它决定着物体表面的_____。

2.【UVW 贴图】贴图坐标命令用于对物体_____，以确定材质如何投射到物体的表面。

3. 当默认贴图方式与 UVW 贴图方式产生冲突时，系统优先采用_____方式。

4. 平面贴图方式是将贴图沿_____映射到物体_____，适用于平面的贴图，可以保证贴图的大小、比例_____。

二、选择题

1. 当为一个物体的不同位置赋不同材质时，需要用到_____。
　　A. 阴影材质　　　B. 双面材质　　　C. 多维/子对象材质　　D. 标准材质

2. 不同材质之间的融合过渡可以用_____材质制作方法加以实现。
　　A. 混合　　　　　B. 反射　　　　　C. 多维/子对象材质　　D. 棋盘格

3. 利用_____贴图可以产生两色方格交错的图案，也可以用两个交错方格指定不同的贴图，常用于制作一些格状、板块状的纹理。
　　A. 混合　　　　　B. 反射　　　　　C. 多维/子对象材质　　D. 棋盘格

4.【平面镜】贴图专用于在物体的一组共平面上产生平面镜反射效果，通常指定给_____贴图通道。
　　A. 高光颜色　　　B. 反射　　　　　C. 漫反射颜色　　　　D. 折射

三、问答题

1. 简述【Blinn】、【金属】和【各项异性】材质属性的含义。

2. 简述 UVW 贴图坐标的含义。

3.【暂存】命令的用法是什么？

四、操作题

1. 利用【多维/子对象】材质制作如图 7-78 所示的球体。此场景的线架文件以 "Lx07_01.max" 为名保存在教学资源包的 "习题场景" 目录中。

2. 利用材质库中的金属材质和平面镜材质，制作如图 7-79 所示的茶壶与桌面场景。此场景的线架文件以 "Lx07_02.max" 为名保存在教学资源包的 "习题场景" 目录中。

图 7-78　多维/子对象材质　　　图 7-79　金属与平面镜反射效果

第8章

灯光与摄影机动画

　　灯光是场景中必不可少的重要元素之一，它不仅简单地用于照亮场景，还有很多其他重要作用，例如使用强烈的直射光可以表现阳光照射效果，而柔和的具有衰减的灯光，就可用来表现夜景效果。在一个相对封闭的室内环境中，需要大量的间接光来模拟物体之间的光线反射效果，因此灯光的应用是一个相对复杂的光影分布过程，在进行布光时应仔细揣摩场景中的光影变化及光影分配方案。

　　摄影机是用来展示场景画面信息的重要工具，从图像信息输出角度划分，摄影机可分为两种用途：静态平面图像输出和动态视频输出。前者的应用相对简单，只需要把握住一些平面构图方法，选定取景角度即可；后者则需要了解动态画面的镜头语言，多数情况下摄影机是在移动过程中进行拍摄的，因而其动态设置就显得尤为重要。

　　本章除了介绍与灯光和摄影机相关的使用方法和特效之外，还将结合灯光与摄影机的应用，重点介绍动画制作的高级应用方法。

8.1　灯光的属性与特征

　　灯光是用来模拟真实照明的一类特殊对象，如家用或办公室的灯、舞台和电影工作时使用的灯光设备以及太阳光等。不同种类的灯光对象用不同的方法投射光线，模拟真实世界中不同种类的光源。当场景中没有灯光时，系统就使用默认的照明来着色或渲染场景，但默认的灯光效果太平淡，可以通过添加灯光对象来替换默认的照明，使场景的光影效果更加逼真。一旦创建了一个灯光对象，那么默认的照明就会被关闭。如果删除场景中的所有灯光对象，系统则会重新启用默认照明。

1. 场景照明分类

　　传统摄影与摄像所使用的照明原理同样适用于 3ds Max 2012 中的场景照明。场景照明的布光方式，取决于场景是要模拟自然照明还是人工照明。自然照明场景，如日光或月光，从一个光源获取最重要的光线；而人工照明场景通常有多个相似强度的光源来共同组成。效果对比如图 8-1 和图 8-2 所示。

图 8-1　自然阳光的室外场景

图 8-2　夜景街灯的室外场景

（1）自然光。包括日光和月光以及它们的间接反射光，除了要控制好光的强度之外，还应当注意自然光的其他属性，如颜色等。在晴朗的天气里，阳光的颜色为淡黄色，其 RGB 值可以为"250"、"255"、"175"。多云的天气阳光为蓝色，暴风雨的天气阳光为深灰色，空气中的粒子可以将阳光染为橙色或褐色，在日出和日落时，颜色可能比黄色更红。天空越晴朗，阴影越清晰，对于使自然照明的场景呈现三维效果而言，阴影非常必要。平行光也可以用来模拟月光，月光为白色但比阳光暗淡。

（2）人工光。主要是指夜景和室内场景中的电灯、火光或某些发光物体所发出的光，这些光通常都需要使用多个灯光对象。这些场景通常都要按照层次分成 3 类：主灯光、辅助灯光和点缀灯光。场景中最亮的用来突出主题的一组灯光，称为主灯光。除了主灯光之外，还需要通过一个或多个其他灯光对象，来照亮主题的背景和侧面，这些灯光称为辅助灯光，辅助灯光比主灯光暗。主灯光和辅助灯光的合理组合可以突出场景的三维效果。在 3ds Max 2012 中，聚光灯最适合用作主灯光，泛光灯适合用作辅助灯光。点缀灯光的作用是突出场景中的次主题，从而增加场景的层次，点缀灯光通常比辅助灯光更亮，但比主灯光暗。

2．灯光属性

灯光拥有很多物理属性，这些属性在 3ds Max 2012 中都有相应的参数，在调节参数时实际上是在调整灯光相应的物理属性。

（1）光强度。

- 光源点在指定方向上发射的光通量称为光强度。
- 标准灯光的强度=灯光色的亮度值×倍增系数。效果如图 8-3 所示。

图 8-3　不同光强度的场景照明效果

（2）入射角。曲面法线相对于光源的角度称为入射角。入射角越大，曲面接收到的光越少，看上去就越暗。当入射角为"0°"时，光源与曲面垂直，曲面由光源的全部强度照亮，随着入射角的增加，照明的强度越来越弱。如图 8-4 所示。

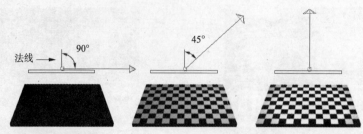

图 8-4　不同入射角的照明效果

（3）光线衰减。在现实世界中，灯光的强度将随着距离的加长而减弱。远离光源的对象看起来较暗，距离光源较近的对象看起来较亮，这种效果称为衰减。3ds Max 2012 中的标准灯光，默认情况下是没有衰减的，但是可以开启相应的衰减参数，来达到一定的衰减效果。效果如图 8-5 所示。

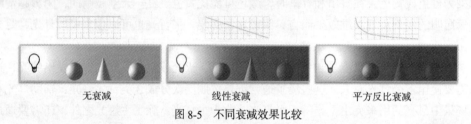

图 8-5　不同衰减效果比较

（4）灯光颜色。在现实世界中每种光都拥有颜色，比如：太阳光一般为浅黄色，且会随着时间的变化而变化；白炙灯投射出的是橘黄色灯光等。所以适当地为场景灯光添加相应的灯光色可以极大地增强场景的真实度。但要注意灯光颜色具有加色属性，灯光的三基色为红、绿和蓝。随着多种颜色灯光混合在一起，场景会变得越来越亮并且逐渐趋于白色。如图 8-6 所示。

3．常用灯光对象

在默认状态下，3ds Max 2012 系统提供了一盏泛光灯以照亮场景，如果创建了新的灯光，系统中的默认灯光就会自动关闭。在 ✦ / ◔ / 标准▾ 命令面板中可以找到以下 5 种常用的标准灯光。

图 8-6　灯光加色属性

- 目标聚光灯 ：【目标聚光灯】产生的是一个锥形的照射区域，可影响光束内被照射的物体，产生一种逼真的投影阴影。【目标聚光灯】包含两个部分：【投射点】即场景中的小圆锥体图形；【目标点】即场景中的小立方体图形。可以通过调整这两个图形的位置来改变物体的投影状态，从而产生逼真的效果。聚光灯有矩形和圆形两种投影区域，矩形特别适合制作电影投影图像、窗户投影等。圆形适合制作路灯、车灯、台灯等灯光的照射效果。效果如图 8-7 所示。

- 自由聚光灯 ：是一个圆锥形图标，产生锥形照射区域。它实际上是一种受限制的目标聚光灯，也就是说它相当于一种无法通过改变目标点和投影点的方法来改变投射范围的目标聚光灯，但可以通过工具栏中的 ◔ 工具来改变其投射方向。

- 目标平行光 ：它产生一个圆柱状的平行照射区域，其他功能与目标聚光灯基本相似。

目标平行光主要用于模拟阳光、探照灯、激光光束等效果，效果如图 8-8 所示。

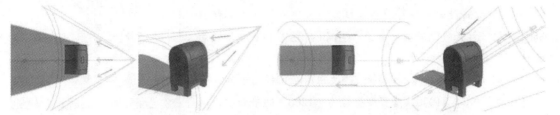

图 8-7　目标聚光灯在顶、透视图中的效果　　　　图 8-8　目标平行光在顶、透视图中的效果

- 自由平行光：是一种与自由聚光灯相似的平行光束，它的照射范围是柱形的。
- 泛光灯：是一种可以向四面八方均匀照射的点光源，它的照射范围可以任意调整，在场景中表现为一个正八面体的图标。泛光灯是在效果图制作当中应用最广泛的一种光源，标准泛光灯用来照亮整个场景。场景中可以用多盏泛光灯协调作用，以产生较好的效果。但要注意的是泛光灯也不能过多地建立，否则画面就可能会显得平淡而呆板。效果如图 8-9 所示。

图 8-9　泛光灯在顶、透视图中的效果

这 5 种灯光本身并不能着色显示，只能在视图操作时看到，但它却可以影响周围物体表面的光泽、色彩和亮度。通常灯光是和物体的材质共同起作用的，它们之间合理的搭配可以产生恰到好处的色彩和明暗对比，从而使三维作品更具有立体感和真实感。

8.2　常用标准灯光

标准灯光提供的是一个简单的光源发射点，投射方向可分为定点投射与全向散射。定向投射类光源包括聚光灯和平行光，光线由光源点向外投射，沿目标点方向持续延伸，在投射过程中会照亮与投射方向相交的物体表面。全向散射灯包括泛光灯等，它们是由一个光源点向四周球形散射光线，照亮覆盖范围内的所有物体。

本节将根据灯光的用途来进行划分，详细介绍标准灯光的使用方法。

8.2.1　定点投射类灯光

这类灯光都具有一个目标点，需要光源点与目标点的配合，才能确定灯光的投射方向，常用于定点投射布光时使用。本节就利用一个室外楼场景为例，详细介绍此类灯光的使用方法，效果如图 8-10 所示。

定点投射类灯光

（1）重新设定系统。单击窗口左上方快速访问工具栏中的 按钮，打开教学资源包中的"范例\CH02\2_12.max"场景文件。

（2）单击 / / 平面 按钮，在顶视图中创建一个【长度】值为"1000"、【宽度】值为"1200"的平面物体，作为地面。

图 8-10　室外建筑灯光效果

（3）单击 / / 标准 / 目标聚光灯 按钮，在前视图中创建一个目标聚光灯，作为主光源，位置如图 8-11 所示。

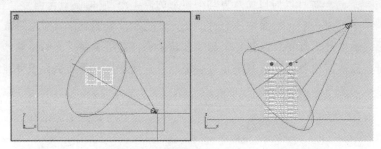

图 8-11　目标聚光灯在顶、前视图中的位置

（4）单击 按钮进入修改命令面板，在【强度/颜色/衰减】面板中将灯光色调为【红】"248"、【绿】"233"、【蓝】"192"的黄色，其他面板中的参数设置如图 8-12 所示，渲染透视图，效果如图 8-13 所示。

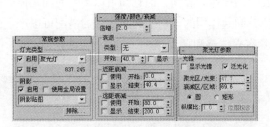

图 8-12　目标聚光灯面板中的参数设置

图 8-13　主光源的灯光效果

（5）单击 / / 标准 / 泛光灯 按钮，在左视图中创建一盏泛光灯，作为主光源的补光，照亮建筑的正面，位置如图 8-14 所示。

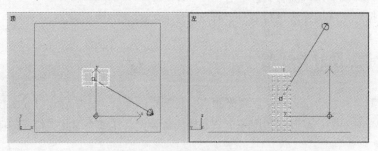

图 8-14　泛光灯在顶、左视图中的位置

（6）单击 按钮进入修改命令面板，在【强度/颜色/衰减】面板中将灯光色设为白色，【倍增】值设为"0.3"，渲染透视图，效果如图 8-15 所示。

（7）在前视图建筑物的左侧再创建一盏泛光灯，作为侧面补光，位置如图 8-16 所示。

图 8-15　正面补光效果

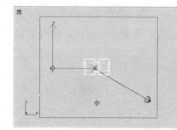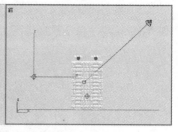

图 8-16　侧面补光在顶、前视图中的位置

（8）单击 按钮进入修改命令面板，在【强度/颜色/衰减】面板中将灯光色调为【红】"159"、【绿】"209"、【蓝】"210"的蓝色，将【倍增】值设为"0.7"，渲染透视图，效果如图 8-10 所示。

> **要点提示** 由于主光源模拟的是阳光，因此需要用暖色，而补光模拟的是天空光，所以用偏蓝的冷色，这样可增强色彩对比，使画面生动。

（9）单击窗口左上方的 按钮，在下拉列表中选择【另存为】命令，将此场景另存为"8_01.max"文件。此场景的线架文件以相同名字保存在教学资源包中的"范例\CH08"目录中。

【补充知识】

- 【倍增】：控制灯光的照射强度，值越大，光照强度越大。
- 【聚光区/光束】：用于设置光线完全照射的范围，在此范围内物体受到全部光线的照射，默认值为"43"。
- 【衰减区/区域】：用于设置光线完全不照射的范围，在此范围内物体将不受任何光线的影响。与【聚光区/光束】配合使用，可产生光线由强向弱衰减变化的效果，默认值为"45"。

8.2.2　移动投射类灯光

此类灯光只有一个光源点可供调节，常用来制作跟随物体移动的光源，如手电筒等。它们可通过各种动画约束功能附着在路径或物体上，从而跟随这些物体移动，例如汽车的车灯等。

路径约束控制器是限制一个物体沿一个样条曲线进行运动，或者沿多个样条曲线进行运动的控制器。目标路径可以在使用变动修改命令时设置动画，作为目标路径的物体可以是任何一种样条曲线，这条样条曲线用来定义被限制物体的运动路径。

本节将为一盏自由聚光灯添加路径，模拟一个探照灯划过墙壁的动画效果，如图 8-17 所示。

第 0 帧　　　　　　　　第 50 帧　　　　　　　　第 100 帧

图 8-17　移动投射类灯光的动画效果

⚷━ 移动投射类灯光

（1）重新设定系统。单击窗口左上方快速访问工具栏中的 按钮，打开教学资源包中的"范例\ CH08\8_02.max"场景文件。

（2）单击 / / 标准▼ / 泛光灯 按钮，在前视图中创建一盏泛光灯，照亮场景，位置如图8-18所示，在【强度/颜色/衰减】面板中，将【倍增】值设为"0.5"。

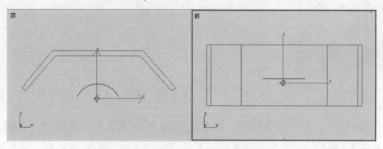

图8-18　泛光灯在顶、前视图中的位置

（3）单击 / / 标准▼ / Free Spot 按钮（自由聚光灯），在前视图中单击鼠标左键，创建一盏自由聚光灯，其参数设置如图8-19所示。

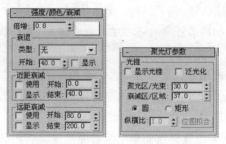

图8-19　自由聚光灯的参数设置

（4）选择菜单栏中的【动画】/【约束】/【路径约束】命令，将自由聚光灯链接到弧线上，自由聚光灯会自动跳到弧线的起始点处。

（5）单击动画播放控制区中的 按钮，在视图中播放动画预览，可以看到自由聚光灯会沿着弧线移动。

（6）单击窗口左上方的 按钮，在下拉列表中选择【另存为】命令，将此场景另存为"8_02_ok.max"文件。此场景的线架文件以相同名字保存在教学资源包的"范例\CH08"目录中。

（7）单击主工具栏中的 按钮，打开窗口对话框，选择【时间输出】栏内的【活动时间段】选项。

（8）单击【渲染输出】栏内的 文件... 按钮，在弹出的【渲染输出文件】对话框中选择保存的目录，设置文件名为"移动灯光.avi"（此文件保存在教学资源包的"范例\CH08"目录中），单击 保存(S) 按钮。最后渲染输出动画文件。

8.2.3　日光投射系统

3ds Max 2012提供了一个由目标平行光灯、天光以及指南针辅助物体共同构成的日光模拟系统。可根据系统提供的地图定位城市、时区等地理信息，还可以设置具体的年月日及时间，日光模拟系统可以通过这些信息，来确定此建筑物的日照效果。

本节将通过一个仓库的室外场景，具体介绍日光投射系统的使用方法，效果如图8-20所示。

第50帧　　　　　第160帧　　　　　第200帧

图8-20　日光投射效果

日光投射系统

（1）重新设定系统。单击窗口左上方快速访问工具栏中的 按钮，打开教学资源包中的"范例\CH08\8_03.max"场景文件。

（2）单击 / / 日光 按钮，在顶视图中按住鼠标左键拖曳出一个指南针图标，然后松开鼠标左键移动鼠标光标，同样拖曳出一个目标平行光图标，然后在合适的位置单击鼠标左键，创建完毕。

（3）单击动画关键点控制区中的 自动关键点 按钮，在第0帧时将【控制参数】面板中的【时间】设为"5"。

（4）单击 按钮，时间滑块自动跳到最后一帧，将【时间】/【时】设为"20"，【控制参数】面板中的设置如图8-21所示。

（5）为场景添加"desert.jpg"背景图案。

下面制作背景动画。

（6）单击 按钮，打开【材质编辑器】窗口，将背景图案以【实例】方式复制到示例球上，如图8-22所示。

  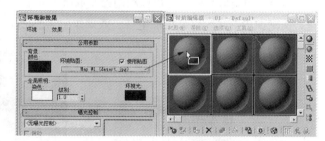

第0帧　　　　第250帧

图8-21　不同时间段【控制参数】面板中的设置　　　图8-22　复制环境贴图过程

（7）展开【输出】面板，单击动画关键点控制区中的 自动关键点 按钮，在第0帧处将【RGB级别】值设为"0.7"；在第30帧时，将【RGB级别】值设为"1.0"；在第230帧时，将【RGB级别】值设为"0.99"；在第250帧时，将【RGB级别】值设为"0.7"。

（8）激活摄影机视图，将时间滑块拖到第100帧处，在【环境和效果】窗口中，选择【曝光控制】面板中的【对数曝光控制】选项，单击 渲染预览 按钮，观看渲染预览效果，如图8-23所示。

（9）在【对数曝光控制参数】面板中勾选【室外日光】选项，此时渲染预览效果如图 8-24 所示。

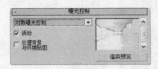

图 8-23　【曝光控制】面板　　　　　　　　图 8-24　【室外日光】渲染预览效果

（10）单击窗口左上方的 按钮，在下拉列表中选择【另存为】命令，将此场景另存为 "8_03_ok.max" 文件。此场景的线架文件以相同名字保存在教学资源包的 "范例\CH08" 目录中。

（11）单击主工具栏中的 按钮，打开窗口对话框，选择【时间输出】栏内的【活动时间段】选项。

（12）单击【渲染输出】栏内的 文件... 按钮，在弹出的【渲染输出文件】对话框中选择保存的目录，设文件名为 "日光.avi"（此文件保存在教学资源包的 "范例\CH08" 目录中），单击 保存(S) 按钮。最后渲染输出动画文件。

【补充知识】

- 【室外日光】：如果单纯使用日光照明，会产生曝光过度效果。勾选此选项，可以校正曝光过度，如图 8-25 所示。

曝光过度　　　　　　　　　　勾选【室外日光】选项

图 8-25　室外日光校正曝光过度效果

在制作日光投射效果时，还可以利用第 9 章所讲的【光跟踪器】模块进行渲染，产生光线反弹效果，使画面中的光影效果更加丰富，效果如图 8-26 所示。

图 8-26　光跟踪器渲染效果

8.3　灯光特效

3ds Max 2012 提供了两种灯光特效，分别用来模拟体积光效果和镜头光斑效果，合理地为灯光添加特效可极大地增强视觉效果，丰富场景中的光感。

8.3.1 体积光特效

光线穿过带有烟雾或尘埃的空气时，会形成有体积感的光束，根据这一原理，体积光具有能被物体阻挡的特性，形成光芒透射效果。利用体积光可以很好地模拟晨光透过玻璃窗的效果，还可以制作探照灯的光束效果等。体积光可以指定给除环境光之外的任何灯光类型。

下面利用一个太阳系仪场景，来介绍体积光与阴影结合的使用方法，效果如图 8-27 所示。

图 8-27 体积光效果

🔑 体积光特效

（1）重新设定系统。单击窗口左上方快速访问工具栏中的 按钮，打开教学资源包中的"范例\CH08\8_05.max"场景文件。这是一个有两盏泛光灯的太阳系仪场景。

（2）单击 / / 标准 / 目标聚光灯 按钮，在前视图中按住鼠标左键，由左上至右下创建一个目标聚光灯。

（3）单击 按钮，进入修改命令面板，各面板中的参数设置如图 8-28 所示。目标聚光灯在视图中的位置如图 8-29 所示。

红：248、绿：244、蓝：237

图 8-28 各参数面板中的设置

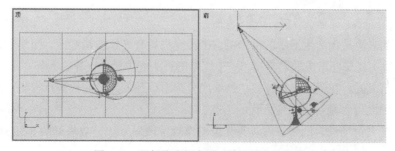

图 8-29 目标聚光灯在顶、前视图中的位置

（4）单击【大气和效果】面板中的 添加... 按钮，在弹出的【添加大气】对话框中选择【体积光】选项，然后单击 确定 按钮，关闭【添加大气或效果】对话框。此时在【大气和效果】面板中便添加了一个【体积光】选项。

（5）单击 按钮，以默认参数渲染摄影机视图，效果如图 8-28 所示。

（6）单击窗口左上方的 按钮，在下拉列表中选择【另存为】命令，将此场景另存为

"8_05_ok.max"文件。此场景的线架文件以相同名字保存在教学资源包的"范例\CH08"目录中。

【补充知识】

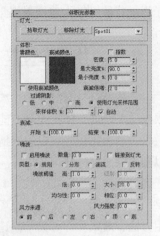

　　【体积光参数】面板形态如图 8-30 所示。

　　下面就对其中常用的一些参数进行解释。

（1）【体积】栏。

- 【雾颜色】：设置形成灯光体积的雾的颜色。体积光的最终颜色是由灯光色与雾色共同决定的。
- 【衰减颜色】：在灯光设置衰减后，此色块决定衰减区内雾的颜色。
- 【密度】：设置雾的密度，值越大，体积感越强，内部不透明度越高，光线也越亮，效果如图 8-31 所示。

图 8-30　【体积光参数】面板形态

　　　　　【密度】：2.0　　　　　　　　　　【密度】：6.0

图 8-31　不同的密度值效果比较

（2）【噪波】栏。

- 【启用噪波】：控制是否打开噪波影响，当勾选此选项时，【噪波】栏内的设置才有意义。
- 【数量】：设置噪波强度。值为"0"时，无噪波。值为"1"时，为完全噪波效果。

8.3.2　镜头光斑特效

　　镜头特效的来源是现实生活中的摄影机，由于镜头具有光学棱镜特性，因而形成了镜头光环和耀斑现象。镜头光斑的组成非常复杂，一个完整的镜头光斑是由光晕、光环、二级光斑、射线、星光和条纹光组成的。在镜头光斑特效中这些成分都由单独的参数面板进行控制，而且它们可以被任意组合，因此可以调制出千变万化的形态。

　　下面以一个太空场景为例来讲解镜头光斑的设置及使用方法，效果如图 8-32 所示。

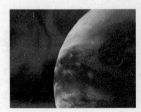

图 8-32　最终动画效果

镜头光斑的设置及使用方法

（1）重新设定系统。单击窗口左上方快速访问工具栏中的 按钮，打开教学资源包中的"范例\CH08\8_06.max"场景文件。这是一个有背景的地球场景。渲染透视图，效果如图 8-33 所示。

（2）单击 / / 标准 / 泛光灯 按钮，在视图中创建两盏相同参数的泛光灯，位置如图 8-34 所示，参数设置如图 8-35 所示。

图 8-33　带有云层的地球效果

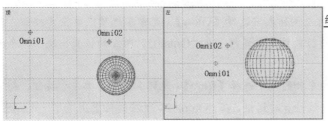

图 8-34　两盏泛光灯的位置

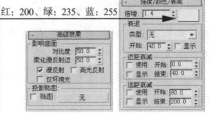

红：200、绿：235、蓝：255

图 8-35　泛光灯的参数设置

（3）激活透视图，按 Ctrl + C 组合键，从视图中创建摄影机并自动转换成摄影机视图。下面将设置摄影机围绕地球绕行 1/4 圈的动画。

（4）单击动画关键点控制区中的 自动关键点 按钮，再单击 按钮，将时间滑块移至最后一帧，将摄影机移动至如图 8-36 所示的位置。

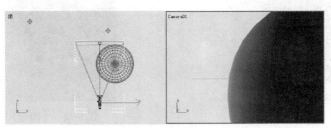

第 0 帧时摄影机的位置

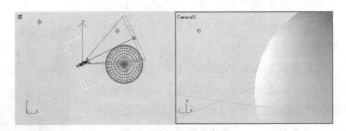

第 100 帧时摄影机的位置

图 8-36　第 0 帧与第 100 帧时摄影机的位置变化

（5）单击 自动关键点 按钮，关闭动画记录。

（6）激活摄影机视图，选择菜单栏中的【渲染】/【效果】命令，打开【环境和效果】窗口。

（7）单击 添加... 按钮，打开【添加效果】对话框，选择【镜头效果】选项，单击 确定 按钮，关闭【添加效果】对话框。

（8）在【镜头效果全局】面板中，单击【灯光】栏里的 拾取灯光 按钮，拾取"Omni02"泛光灯，作为镜头光斑的载体。

要点提示 【灯光】栏的下拉列表中出现了刚才选取的灯光名称，若发现选错了可单击 <u>移除</u> 按钮删除。

（9）单击动画关键点控制区中的▶▶按钮，将时间滑块移动至最后一帧，以便让 "Omni02" 在摄影机视图中显示出来。

（10）在【效果】面板中，勾选【预览】/【交互】选项，系统自动打开渲染窗口，对当前帧进行渲染。

（11）在【镜头效果参数】面板内左侧列表中选择【Glow】（光晕）选项，单击 ▷ 按钮，将它添加到右侧的列表中。系统自动更新特效预览对话框，在 "Omni02" 所在的位置出现了一个光晕，效果如图 8-37 所示。

（12）在【镜头效果参数】面板的左侧列表中选择【Ring】（光环）选项，单击 ▷ 按钮，将它添加到右侧的列表中。系统自动更新特效预览对话框，在 "Omni02" 所在的位置出现了一个光圈，但感觉光圈过大。

（13）在【环境和效果】窗口中向上拖曳面板，在其底部的【光环元素】面板中将【大小】值改为 "10"，以减小光圈尺寸。将【强度】值改为 "50"，以适当降低其亮度。渲染效果如图 8-38 所示。

图 8-37 【Glow】特技效果

图 8-38 【Ring】特技效果

（14）在【镜头效果参数】面板的左侧列表中选择【Ray】（射线）选项，单击 ▷ 按钮，将它添加到右侧的列表中。在 "Omni02" 所在的位置出现了叠加的射线效果，如图 8-39 所示。

（15）在【镜头效果参数】面板的左侧列表中选择【Auto Secondary】（自动二级光斑）选项，单击 ▷ 按钮，将它添加到右侧的列表中。这时在 "Omni02" 所在的位置到摄影机之间出现了一串光斑，但由于强度值过小，所以无法看清。

（16）将【自动二级光斑元素】面板中的【强度】值改为 "80"，在 彩虹 ▼ 下拉列表中选择 棕色环 ▼ 选

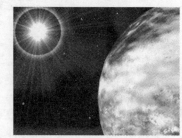
图 8-39 【Ray】特技效果

项，并将【数量】值改为 "35"，以增加光斑数，【自动二级光斑元素】面板中修改的参数设置如图 8-40 左图所示，渲染效果如图 8-40 右图所示。

（17）在【镜头效果参数】面板的左侧列表中选择【Streak】（条纹）选项，单击 ▷ 按钮，将它添加到右侧的列表中。

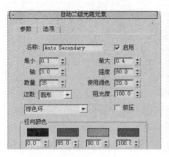

图 8-40　【Auto Secondary】（自动二级光斑）特技效果

（18）在【条纹元素】面板中将【大小】值改为 "180"，使极光变大；【宽度】值改为 "3"，使极光变宽；【强度】值改为 "80"，使极光变亮；【角度】值改为 "90"，使纵向极光变为横向；【锐化】值改为 "5"，使极光变得柔和。最终效果如图 8-41 所示。

（19）单击窗口左上方的 按钮，在下拉列表中选择【另存为】命令，将此场景另存为 "8_06_ok.max" 文件。此场景的线架文件以相同名字保存在教学资源包的 "范例\CH08" 目录中。渲染动画文件为 "镜头光斑.avi"。

【补充知识】

【镜头效果全局】参数面板形态如图 8-42 所示，此面板是用来设置镜头特效整体效果的，其参数变化将影响整个镜头光斑的形态及亮度。

图 8-41　【Streak】（条纹）特技效果

图 8-42　【镜头效果全局】参数面板

- 加载：装载镜头光斑参数文件，镜头光斑参数文件格式为 lzv。
- 保存：将当前调制好的参数保存为 lzv 文件，以便以后重复使用。
- 【大小】：设置镜头光斑的整体尺寸。
- 【强度】：设置镜头光斑的整体亮度。
- 【角度】：用于调整镜头光斑的旋转角度。
- 【挤压】：镜头光斑各元素参数面板中都有一个【挤压】选项，勾选此选项的元素将受【镜头效果全局】面板中的【挤压】参数影响，产生挤压效果。
- 拾取灯光：镜头光斑特效通常都是用灯光做载体的，这个按钮就是用来拾取载体灯光的。
- 移除：在右侧下拉列表中删除某一灯光，使其不再成为当前镜头光斑的载体。

【镜头效果参数】面板如图 8-43 所示。

这个面板是用来添加或删除镜头光斑元素的。另外，还可在光斑已选元素列表中选择需修改元素，进入其下的参数面板，进行参数调整。

图 8-43　镜头光斑参数面板

- ▷（添加元素）按钮：用于从光斑待选元素列表中添加所选镜头光斑元素。
- ◁（删除元素）按钮：用于从光斑已选元素列表中删除所选镜头光斑元素。

8.4　摄影机的属性与特征

摄影机是一个场景中必不可少的组成单位，最后完成的静态、动态图像都要在摄影机视图中表现。摄影机的作用不仅局限于展示一副图像这么简单，其中还包含了丰富的构图技巧和镜头语言。

1. 摄影机特性

3ds Max 2012 中的摄影机拥有很多与现实中的摄像机相同的特性，这些特性在 3ds Max 2012中都有相对应的参数，在调节参数的同时可以实时的展示这些特性。

（1）焦距。传统摄像机中镜头到感光胶片之间的距离，称为镜头焦距，如图 8-44 所示。在传统摄影技术中焦距会影响对象在胶片上的清晰度。而在 3ds Max 2012 中并不存在这个问题，焦距只会影响视野大小。焦距越小，图片中包含的场景内容就越多，反之则越少，但却可以显示远距离对象的更多细节。焦距始终以毫米为单位进行测量。

50mm 镜头通常是摄影的标准镜头。焦距小于 50mm 的镜头称为短焦（广角）镜头。焦距大于 50mm 的镜头称为长焦镜头。

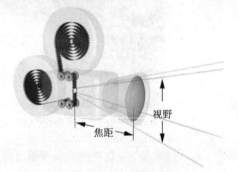

（2）视野。视野是以水平线度数进行测量的，它与镜头的焦距直接相关。例如，50mm 的镜头显示水平线为 46°。镜头越长，视野越窄；镜头越短，视野越宽，如图 8-44 所示。

2. 摄影机的取景与透视

图 8-44　焦距与视野示意图

摄像机的取景与透视原理有着密不可分的关系，其中有 3 种最典型的透视效果。

（1）一点透视。一点透视也称为平行透视，凡是在方形物体的平面中存在平行于画面的透视均称为平行透视，它的特点是只有一个消失点，在视觉上可产生集中、稳定和庄重有力的效果，如图 8-45 所示。

（2）二点透视。仍以方形物体为例，除了垂直于地面的那一组平行线的透视仍然保持垂直外，其他两组平行线消失于画面的左右两侧，从而产生两个消失点，这就是两点透视，效果如图 8-46所示。这种透视在建筑绘画中应用最多。

（3）三点透视。在两点透视的基础上，垂直于地面的那一组平行线的透视也产生一个消失点，这就产生了 3 个消失点（在画面的上方），这种透视称为三点透视，如图 8-47 所示，多被用来表现高大雄伟的建筑物。

图 8-45　一点透视效果

图 8-46　二点透视效果

图 8-47　三点透视效果

8.5　摄影机使用方法

本节将分别介绍摄影机输出静态平面图像和动态视频动画的使用方法，在输出静态平面图像时，需要注意透视校正问题。在输出动态视频动画时，摄影机的推、拉、摇、移等动作是非常重要的镜头语言表现手段。在制作摄影机动画时需要注意摄影机在移动的同时，要随时调整好画面的构图。

8.5.1　摄影机与构图

画面的构图除了受到摄影机的取景角度及方向的影响之外，还将受到渲染设置中的【图像纵横比】参数的控制，该参数可以改变输出图像的长宽比例，既可以输出横向图像，也可以输出纵向图像。

🔑　**摄影机与构图**

（1）重新设定系统。单击窗口左上方快速访问工具栏中的 按钮，打开教学资源包中的"范例\ CH04\ 4_04_ok.max"场景文件，这是在第 4 章中制作的酒瓶场景。

（2）单击 / / 目标 按钮，在前视图中创建一个目标点摄影机，激活透视图，按键盘上的 C 键，将透视图转换为摄影机视图。此时，视图控制区内的按钮也发生了变化，如图 8-48 所示。

图 8-48　视图控制区中的按钮组

> **要点提示**　单击其中的按钮，可在摄影机视图中调节透视角度，它们的作用等同于移动摄影机点和目标点。

（3）调整摄影机视图的透视角度，如图 8-49 所示。

（4）单击摄影机视图的文字标识，在弹出的快捷菜单栏中选择【显示安全框】命令，摄影机视图中出现安全框，形态如图 8-50 所示。

> **要点提示**　安全框是用来控制渲染输出视图的纵横比的，中间的蓝色框控制视频裁剪的尺度，外面的黄色框用于背景图像与场景的对齐，如果输出为静帧图像，超出最外围黄色框的部分将被裁掉。

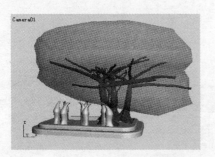

图 8-49　摄影机视图形态

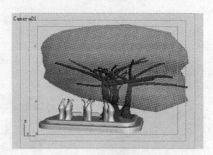

图 8-50　安全框形态

（5）单击主工具栏中的 按钮，打开【渲染场景】窗口，在【输出大小】栏内将【图像纵横比】的值设为"2.133"，此时安全框的比例会跟着改变，适当调整摄影机视图的显示范围，形态如图 8-51 左图所示，渲染效果如图 8-51 右图所示。

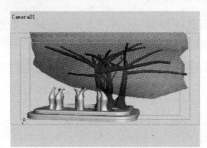

图 8-51　安全框比例形态及渲染效果

【补充知识】

【输出大小】栏形态如图 8-52 所示。

在此栏内可选择其自带的输出尺寸，也可以自定义输出图像的【宽度】和【高度】值。如果输出的是动画文件，则输出尺寸不能选择太高，一般 `320x240` 即可，最多选择 `640x480`，这样播放动画会比较流畅。

图 8-52　【输出大小】栏形态

如果要输出为 VCD 或 DVD 文件，应在 `自定义` 下拉列表中选择 `PAL（视频）` 选项，其中 `768x576` 用于 DVD 格式，`480x360` 用于 VCD 格式。

8.5.2　透视失真校正

在现实生活中，当一个人站在一个高层建筑物下方，抬头向上看时，由于人眼有自动校正能力，所以看到的该建筑物侧面纵向轮廓线都呈现与地面垂直的铅垂直线效果，从而使人确定该高层的直立状态。而在电脑三维世界中，通过一个仰视的摄影机视图来观察一个建筑物时，会发现该建筑物侧面的纵向轮廓线会出现不同程度的倾斜，给人以向后倾倒的感觉，这就是透视失真现象。在 3ds Max 2012 软件中，提供了解决此问题的方法，那就是摄影机两点透视失真校正功能。

🔑　透视失真校正

（1）重新设定系统。选择菜单栏中的【文件】/【打开】命令，打开教学资源包中的"范例\

CH02\2_12.max"场景文件,这是在第 2 章中制作的室外建筑场景。

(2)激活透视图,调整其视角至如图 8-53 所示。

图 8-53　透视图调整后的形态

(3)利用快捷键 Ctrl + C,以当前视角创建一个摄影机,效果如图 8-54 所示。

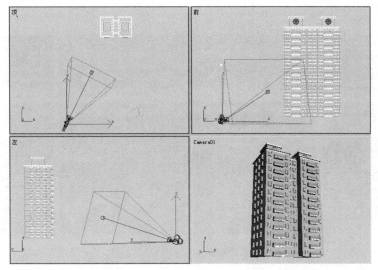

图 8-54　摄影机在顶视图中的位置及摄影机视图形态

观察摄影机视图中的墙壁外沿,会看到两侧墙壁的垂直线都发生了倾斜,这就是由摄影机造成的透视失真效果。

图 8-55　摄影机视图透视失真校正后的效果

(4)确定摄影机点为被选择状态,在顶视图中的摄影机图标上单击右键,在弹出的快捷菜单中选择【工具 1】/【应用摄影机矫正修改器】命令,使摄影机即进行透视失真校正,两侧墙壁的垂直线就会变直了。此时摄影机视图形态如图 8-55 所示。

(5)单击窗口左上方的 ⑤ 按钮,在下拉列表中选择【另存为】命令,将此场景另存为"8_08.max"文件。此场景的线架文件以相同名字保存在教学资源包的"范例\CH08"目录中。

【补充知识】

为投影机施加校正修改后,在修改命令面板中会出现【2 点透视校正】参数面板,如图 8-56 所示。

- 【数量】：用来设置两点透视失真的校正值大小。
- 【方向】：用来设置校正方向。
- 推测. 按钮：单击此按钮，系统自动推测该摄影机
  的校正值，在为摄影机第一次添加【摄影机校正】修
  改时，该功能自动执行。

图 8-56 【2 点透视校正】参数面板

8.6 穿行浏览与路径约束

【Video Post】视频合成器是 3ds Max 2012 中一个独立的组成部分，主要用于视频后期处理，类似非线性编辑软件。在【Video Post】视频合成器中可以将场景、图片和动画文件等素材进行组合连接，并对动画影片进行剪辑处理。

综合本章所讲内容，制作飞机穿行浏览与路径约束动画，并在【Video Post】窗口中将其编辑为一个动画文件，效果如图 8-57 所示。

图 8-57 飞机动画效果

穿行浏览与路径约束

（1）重新设定系统。单击窗口左上方快速访问工具栏中的 按钮，打开教学资源包中的"范例\ CH08\8_10.max"场景文件。

（2）首先制作螺旋桨动画，并为其添加运动模糊处理，制作流程及效果如图 8-58 所示。

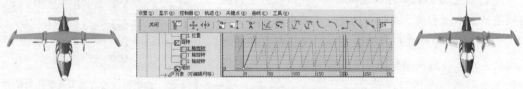

图 8-58 螺旋桨动画效果

（3）在飞机顶部创建自由点摄影机，并进行链接约束，模拟第一人称视角。

（4）创建目标点摄影机，约束到另外一个路径上，将目标点链接到飞机上，使摄影机沿自身路径移动的同时，始终追踪拍摄该飞机的飞行过程。链接结果如图 8-59 所示。

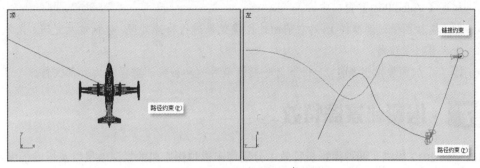

图 8-59   摄影机与飞机的链接结果

（5）选择菜单栏中的【渲染】/【Video Post】选项，打开【Video Post】窗口，将两个摄影机动画编辑成为一个动画文件，取名为"镜头切换.avi"。【Video Post】窗口中的设置如图 8-60 所示。

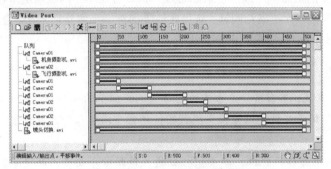

图 8-60   【Video Post】窗口中的设置

（6）单击窗口左上方的 按钮，在下拉列表中选择【另存为】命令，将此场景另存为"8_10_ok.max"文件。此场景的线架文件以相同名字保存在教学资源包的"范例\CH08"目录中。

【补充知识】

【Video Post】窗口中常用按钮的含义如下。

- （新建序列）：新建一个序列，并删除当前【Video Post】窗口中的已有序列。
- （打开序列）：导入外部序列文件。外部序列文件格式为.vpx 文件。
- （保存文件）：将当前【Video Post】窗口中的已有序列保存为.vpx 格式的外部序列文件。
- （编辑当前事件）：打开当前被选择项目的参数命令面板。此外，也可通过双击要编辑的项目来打开要编辑项目的参数命令面板。
- （删除当前事件）：将当前选择的项目删除。
- （执行序列）：对当前【Video Post】窗口中的序列进行渲染输出。所有参数类似主工具栏中的渲染命令。
- （编辑范围栏）：这是【Video Post】中的基本编辑工具，一进入【Video Post】窗口即为激活状态，可以直接选择需要编辑的项目。
- （添加场景事件）：选择当前场景中的一个视图，将其作为一个项目添加到【Video Post】窗口中。
- （添加图像输入事件）：利用这个命令，可将外部图像或动画文件作为一个项目添加到【Video Post】窗口中。

- ⊡（添加图像过滤事件）：对它前面的图像效果进行特殊处理，包括镜头光斑、光晕、十字星、星空等。

- ⊞（添加图像输出事件）：将当前序列渲染后的动画或图像保存为外部文件。

8.7 摄影机景深特效

3ds Max 2012 提供了两种摄影机特效，分别用来模拟摄影机的景深效果以及运动模糊效果，运动模糊特效与对象【属性】中的【运动模糊】效果相同。

系统还提供了一种交互式全景渲染模式，它可以通过一个摄影机将一个三维场景的 6 个面渲染成平面图形，然后通过虚拟浏览工具进行交互式的虚拟浏览。

3ds Max 2012 中的摄影机可以产生景深特效，景深特效是运用多通道渲染效果生成的。所谓多通道渲染效果，是指多次渲染相同帧，且每次渲染都有细小的差别，最终合成一幅图像的效果，它模拟了电影特定环境中的摄影机记录方法。

⚿ 景深特效

（1）重新设定系统。单击窗口左上方快速访问工具栏中的 ☞ 按钮，打开教学资源包中的"范例\CH08\8_11.max"场景文件，渲染摄影机视图，场景中没有任何景深设置，最前面的球与最后面的球同样清楚。

（2）在左视图中选择摄影机，单击 ☞ 按钮进入修改命令面板，在【参数】面板中勾选【多过程效果】/【启用】选项。

（3）将【目标距离】值设为"140"，使目标点设在第 1 个球上，位置如图 8-61 所示。

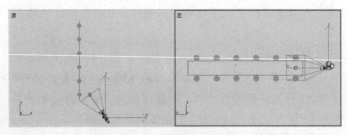

图 8-61　摄影机的位置

（4）单击 预览 按钮，摄影机视图发生轻微抖动，停止后，就出现了景深预览效果。图 8-62 中的左图为预览前的摄影机视图效果，右图为预览后的摄影机视图效果。

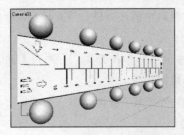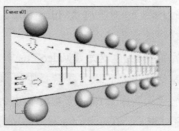

图 8-62　摄影机视图预览前后的效果比较

（5）单击工具栏中的 按钮，渲染摄影机视图，效果如图 8-63 所示。

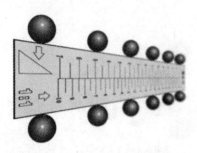

图 8-63 摄影机视图的渲染效果

在渲染过程中，图像是由暗变亮逐渐显示出来的。观察此渲染视图，已经出现了景深效果。最前面的球仍然很清楚，但到最后一个球之间产生了渐进模糊效果，这是由于摄影机的目标点正好落在最前面的球上。

（6）将【目标距离】的值设为"550"，使摄影机目标点移到最后一个球上，位置如图 8-64 所示。

（7）单击工具栏中的 按钮，再次渲染摄影机视图，效果如图 8-65 所示。

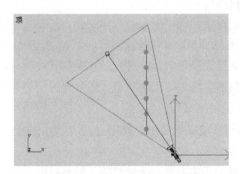

图 8-64 目标点在顶视图中的位置

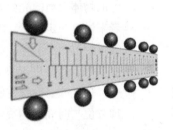

图 8-65 摄影机视图的渲染效果

（8）单击窗口左上方的 按钮，在下拉列表中选择【另存为】命令，将此场景另存为"8_11_ok.max"文件。此场景的线架文件以相同名字保存在教学资源包的"范例\CH08"目录中。

观察此渲染视图，景深效果发生了变化。最后面的球变得很清楚，而到最前面的球之间产生了渐进模糊效果。这说明摄影机的目标点所在处为最清楚，其余地方会产生渐进模糊效果。

【补充知识】

对摄影机景深效果的编辑修改要在【景深参数】面板中进行，形态如图 8-66 所示。下面就针对其中的几个常用参数进行解释。

图 8-66 【景深参数】面板形态

- 【过程总数】：它决定了景深模糊的层次，也就是渲染景深模糊时的图像渲染次数。
- 【采样半径】：决定了模糊的偏移大小，即模糊程度，效果如图 8-67 所示。

在【参数】面板的【多过程效果】栏内，选择【运动模糊】选项，可表现动态模糊效果，如图 8-68 所示。

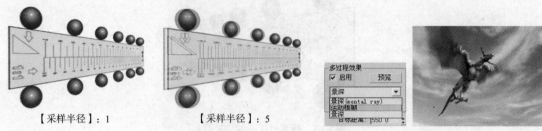

【采样半径】：1　　　　　　【采样半径】：5

图 8-67　不同的模糊程度渲染效果　　　　图 8-68　【运动模糊】选项位置及效果

小结

本章主要介绍了以下 4 部分内容。

（1）标准灯光及日光投射系统。由于光线本身是不可见物体，只能通过被其照射的物体表面的光影效果来反映灯光的强度、颜色及投射方向等属性，所以对初学者来说有一定难度。在学习灯光时，首先要理解每一种光源在发射光线时，它的光线投射范围、强度、衰减等属性。在预览视图中无法完全体现灯光的照射效果，改变参数后需要进行渲染才能正确地表现出灯光效果。

日光照射系统在使用时应注意与环境曝光的配合使用，另外它的位置是通过地理方位与时间共同决定的。

（2）灯光特效。三维场景的视觉效果有一个很大的缺陷，就是画面效果过于生硬，缺乏柔和的过渡感，灯光特效对场景气氛的烘托以及柔化画面，起着重要的作用。尤其是镜头光斑特效，常用来增强画面的视觉冲击力，可以制作出许多眩目的效果。

（3）摄影机与约束动画。就摄影机本身而言，所需要掌握的参数很少，只需要理解镜头大小以及取景方向对画面的影响即可。在输出静态画面时，需要注意两点透视失真问题。

摄影机的推、拉、摇、移动是重要的镜头语言表现形式，在制作摄影机动画时，不能只注意摄影机本身的移动轨迹，还要理解摄影机在移动过程中画面的变化、画面中的景物关系、光影配合等要素。

（4）摄影机特效。摄影机的景深特效可以很好地表现场景的纵深感觉以及分配画面的焦点，对突出画面主题起到至关重要的作用。

交互式全景浏览是一种虚拟游览形式，它是一种将三维场景转换为平面图像的过程，渲染的分辨率将最终决定画面的细腻程度，是非常实用的虚拟现实浏览工具。

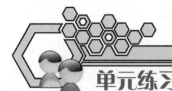

单元练习

一、填空题

1．【倍增】参数用来控制灯光的_____，值越大，光照强度_____。

2．【聚光区/光束】值用于设置_____的范围，在此范围内物体受到_____的照射。

3．【衰减区/区域】值用于设置光线_____的范围，在此范围内物体_____的影响。

4．在【渲染场景】窗口中，如果要输出成 VCD 或 DVD 文件，应在【自定义】下拉列表中选择_____选项。

二、选择题

1．在创建体积光时，如果想增加光线强度，在【体积光参数】面板中应适当增加_____值的设置。

　　A.【雾颜色】　　　　B.【衰减颜色】　　　　C.【密度】　　　　D.【数量】

2．在【镜头效果全局】面板中，_____值用于调整镜头光斑的旋转角度。

　　A.【大小】　　　　B.【强度】　　　　C.【角度】　　　　D.【挤压】

三、问答题

1．简述【体积光】特效的含义。

2．什么是镜头光斑特效？

3．什么是注视约束？

4．什么是交互式全景浏览？

四、操作题

1．打开教学资源包中的"习题场景\Lx08_01.max"文件，为场景制作体积光效果，如图 8-69 所示。此场景的最终线架文件名为"Lx08_01_ok.max"。

2．在场景中创建一盏泛光灯，然后为其添加镜头光斑特效，结果如图 8-70 所示。此场景的线架文件以"Lx08_02.max"名字保存在教学资源包的"习题场景"目录中。

图 8-69　体积光效果

图 8-70　镜头特效

第9章

光度学灯与高级照明

标准灯光所提供的几种光源使用起来虽然比较方便，但是在制作复杂场景时，用标准灯光来布光就会显得比较平淡，通常都需要设置若干盏补光，才能得到比较丰满的布光效果。3ds Max 2012 根据全局照明原理，增加了物理特性渲染技术，提供了强大的高级照明布光渲染系统，可以准确地表现真实世界中的光影效果，自动模拟真实世界里，光线在各物体之间的相互反射，从而得到真实而富于层次的全局光照效果。用户需要设置的只是几个主要光源的起始点，然后由 3ds Max 2012 根据真实的光线强度和光线布局，把灯光布置在场景中，从而表现一种在真实世界里的所有光线之间相互作用的结果。

本章将着重介绍与该技术相关的光度学灯、光能传递、光跟踪器以及环境曝光控制等技术的使用方法。

9.1　光跟踪与天光系统

光跟踪器是一种基于光线跟踪技术的全局照明系统，它通过在场景中进行点采样并计算光线的反射，从而创建出较为逼真的室外照明效果。【光跟踪器】系统对模型没有过高的要求，在渲染时可以不考虑场景的尺寸，与【天光】灯光类型配合可以得到非常细腻的天空环境光照射效果，如图 9-1 所示。

图 9-1　本节范例效果

⚷　照明追踪的使用方法

（1）重新设定系统。单击窗口左上方快速访问工具栏中的 按钮，打开教学资源包中的 "范例\CH09" 目录中的 "9_01.max" 文件，这是一个机器爬虫的场景。

（2）单击 按钮，利用系统默认的灯光效果透视图，效果如图 9-2 左图所示。

（3）单击　/　/ 标准▼ 　天光 　按钮，在顶视图中单击鼠标左键，在任意位置上创建一盏天光，本例中顶视图被设定在左下方。如图 9-2 右图所示。

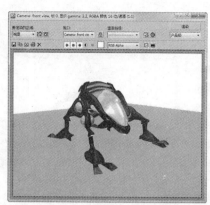

图 9-2　透视图的渲染效果和天光图标在顶视图中的位置

 由于天光模拟的是环境漫反射光，因此它在场景中的位置并不重要，该灯光的含义类似天空中的天幕反射出来的漫射光，这种光线均匀的洒在场景中，只会在物体相互靠近的位置产生一些柔和的阴影。

（4）单击主工具栏中的 按钮，打开【渲染场景】窗口。

（5）切换到【高级照明】选项卡，在其下的【选择高级照明】面板中的下拉列表里选择【光跟踪器】选项。

（6）单击【渲染场景】窗口右下侧的 渲染 按钮，渲染透视图，观看天光的渲染效果，如图 9-3 所示。

观察渲染图，天光效果的光线看上去非常均匀，但从整体来看，却没有主次之分，下面就为其设置主光源。

（7）单击 ／ ／ 标准 目标聚光灯 按钮，在视图中创建三盏目标聚光灯，作为场景的主光源，位置如图 9-4 所示，其参数设置如图 9-5 所示。

图 9-3　天光渲染效果

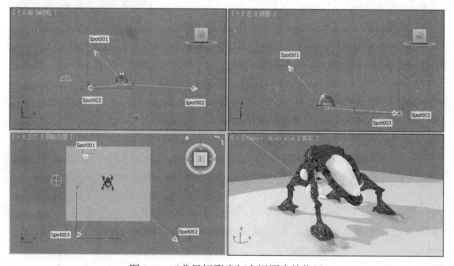

图 9-4　三盏目标聚光灯在视图中的位置

（8）渲染透视图，场景中的灯光层次分明，效果如图 9-6 所示。

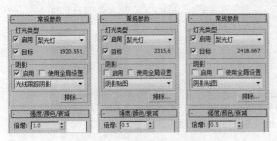

图 9-5　三盏聚光灯的参数

图 9-6　透视图的渲染效果

观察到地面有点太暗了，而我们需要的效果是保留阴影，且整个画面背景和地面都是白色。

（9）单击主工具栏中的 按钮，打开【材质编辑器】窗口，任意选择第 1 个示例球，在材质名称窗口左侧有个 按钮（从对象吸取材质），光标变成吸管模样，将光标放在场景中的地面物体上，单击一下，地面材质就被吸到材质示例球中了。

（10）在【材质编辑器】窗口中，单击 Standard 按钮，在弹出的【材质/贴图浏览器】窗口中选择【无光/投影】材质类型，选项位置如图 9-7 所示。

要点提示　这种材质的特点是，在最终渲染时，只出现投射在其上的阴影形态，而物体的其他部分则是完全透明的状态。

（11）单击 确定 按钮。此时，场景中的地面材质自动被替换。再次渲染透视图，此时渲染速度会更慢，效果如图 9-8 所示。

图 9-7　灯光反弹一次的效果

图 9-8　两次反弹光的渲染效果

（12）单击窗口左上方的 按钮，在下拉列表中选择【另存为】命令，将场景另存为 "9_01_ok.max" 文件。此场景的线架文件以相同名字保存在教学资源包的 "范例\CH09" 目录中。

【补充知识】

光跟踪器的参数如图 9-9 所示。

- 【全局倍增】：控制总体照明级别。
- 【天光】：启用该选项后，系统自动计算场景中的天光再聚集效果。
- 【颜色溢出】：控制色彩溢出强度。当灯光在场景对象间相互反射时，可以模拟色彩溢出效果。要配合【反弹】参数一起使用，反弹数量大于等于 2 时，才会出现色彩溢出效果。
- 【反弹】：设置被跟踪的光线反弹数。增大该值可以增加色彩溢出量。如图 9-10 所示。

图 9-9　光跟踪器参数面板

图 9-10　色彩溢出效果

9.2　光度学灯布光及曝光控制

光度学灯光是一种特殊类型的灯光模块，用于模拟自然界中各种灯光的实际照射效果，其自身携带了光度属性。这种灯光可以简单地结合曝光控制来使用，如果再加入高级照明系统进行光能分布，就会得到理想的布光效果。光度学灯主要包括 目标灯光 和 自由灯光 两种。如图 9-11 所示。

每种灯光都可以通过参数进行细致地调节，如果根据可调参数来划分，光度学灯可以分为三类。

- 点光源：包括目标点光源和自由点光源，它模拟从一个点向四周发散光能的效果（但也可以设定为聚光灯效果），如灯泡中的灯丝，图标形状如图 9-12 所示。

图 9-11　目标灯光和自由灯光的图标形态　　　　图 9-12　点光源图标形态

- 线光源：包括目标线光源和自由线光源，它模拟从一条线向四周发散光能的效果，如日光灯管，图标形状如图 9-13 所示。
- 面光源：包括目标面光源和自由面光源，它模拟从一个三角面或矩形面发散光能的效果，如发光的灯箱，图标形状如图 9-14 所示。

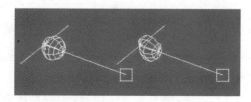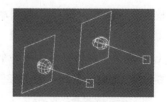

图 9-13　线光源图标形态　　　　图 9-14　面光源图标形态

9.3 物理光度灯布光方法

下面就利用一个电梯场景的布光方法来介绍物理光度灯的具体使用方法。本场景中既有隐藏的光源，也有带灯具的光源，对传统的布光方式来说难度较大。而光度学灯的好处就是，只需在有光源的位置放置合适的光源即可，场景的光能分布完全由系统自动计算完成，非常方便。然而光度学灯的参数非常复杂，尤其是很多物理属性更是晦涩难懂，不过没关系，我们直接使用光度学灯的预设值就可以了，制作起来非常方便。

🔑 物理光度灯的具体使用方法

首先为其布置槽灯。

（1）重新设定系统。单击窗口左上方快速访问工具栏中的 按钮，打开教学资源包中的"范例\CH09\9_02.max"文件，这是一个未打灯光的电梯间场景。

（2）由于本范例只针对灯光物体操作，为了方便选择需要做一下选择过滤。在主工具最左侧单击 全部 窗口（选择过滤器），将其转换为 L-灯光 状态，这样在场景中只能选择灯光物体进行操作，而无法选择其他物体了。如果要恢复所有物体选择方式，就转换回 全部 状态。

（3）单击 / / 光度学 / 自由灯光 按钮，系统自动弹出一个【创建光度学灯光】窗口，询问是否开启对数曝光补偿控制，单击 是 按钮表示开启该功能。在顶视图中电梯间的左上角位置单击一下，创建一盏自由灯光，位置如图 9-15 所示。

（4）在命令面板中单击【模板】/【选择模板】，在出现的下拉列表中选择【4ft 暗槽荧光灯（web）】选项，参数列表如图 9-16 左图所示。

（5）向上推动参数面板，在【图形/区域阴影】参数面板中单击【点光源】下拉列表，选择【线】选项，并将长度改为"60"。参数如图 9-16 中图所示。

（6）再展开【分布（光度学 Web）】参数面板，将【Z 轴旋转】值改成"-90"。参数设置如图 9-16 右图所示。

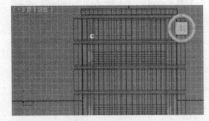

图 9-15　自由灯光前视图中的创建位置

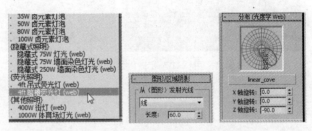

图 9-16　光源各面板中的参数设置

（7）激活前视图，然后单击主工具栏中的 按钮，将这盏灯移动到电梯间的顶部半圆形穹顶灯槽位置，位置如图 9-17 右图所示。

（8）在左视图中将灯光以【实例】方式向下复制 4 个，结果如图 9-18 左图所示。

（9）激活前视图，框选这 5 个灯光物体，然后单击主工具栏中的 按钮，将所有的光源沿 x 轴向右镜像，【偏移】距离为"135"，复制方式为【实例】，结果如图 9-18 右图所示。

（10）激活透视图，单击主工具栏中的 按钮进行渲染，效果如图 9-19 所示。观察渲染结果，可以看出穹顶已经有灯光效果出现了。

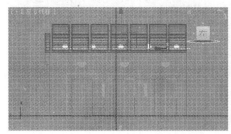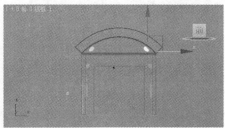

图 9-17　灯光物体在视图中的形态

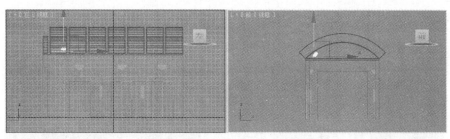

图 9-18　光源镜像后的位置

（11）接下来，用类似的方法给电梯门上方的半球形壁灯添加光源，选择【隐藏式 75W 墙面染色灯光（web）】模板。再给电梯门旁边的柱状壁灯添加光源，可以选择相同的模板，注意这些壁灯都是点光源，另外，这些壁灯不需要太强，可以将【强度/颜色/衰减】/【暗淡】/【结果强度】的值设置为 "50%"。渲染结果如图 9-20 所示。

图 9-19　透视图的渲染效果　　　　　　　　图 9-20　添加了所有灯光后的渲染效果

（12）为了后面的范例能保持场景效果的统一，在做完上述练习后，重新打开教学资源包中的 "范例\CH09\9_02.max" 文件，然后单击窗口左上方的 按钮，在下拉列表中选择【导入】/【合并】命令，找到教学资源包中的 "范例\ CH09\9_02_light.max" 文件，单击打开，会弹出如图 9-21 所示的【合并】窗口。单击该窗口下方的 全部(A) 按钮，选中所有灯光物体，然后单击按钮将所有灯光物体合并进当前场景。

（13）单击 按钮，渲染透视图，效果如图 9-22 所示。虽然灯光都布置好了，但是整个场景比较昏暗，没有被灯光照到的地方是黑的，这不符合物理世界的状况，真实的状况是灯光会有间接照明效果的，这就需要光能传递的计算了。

图 9-21　复制后的自由面光源位置

图 9-22　透视图的渲染效果

9.4　光能传递

高级灯光照明系统包含【光能传递】和【光跟踪器】这两个模块。其中【光能传递】适用于室内或半开放室内场景，【光跟踪器】适用于室外建筑物或产品展示。本节将重点讲述这两种模块的具体使用方法。

9.4.1　光能传递

光能传递是计算间接灯光的技术，它需要考虑场景中已有灯光的形式、物体的尺寸及材质和环境特点等因素。光能传递求解完毕后，就可以从任意角度来渲染场景了。

系统自动进行光能传递的过程如下。

（1）将场景中的物体装载到光能传递渲染系统中。

（2）根据光能传递网格参数中的全局细化设置，对每个物体进行细分。

（3）根据场景平均反射率和图形数量发射特定数量的光线，强光的光线数量要比弱光的多。

（4）光线在场景中进行随机反弹运算，并在物体表面上存积能量。

以上这些动作都是系统自动完成的，用户能看到的只是视图的更新变化。

下面利用上节中的电梯间场景来介绍一下光能传递的使用方法，效果如图 9-23 所示。

图 9-23　电梯间场景效果

🔑 光能传递的使用方法

（1）继续上一场景或打开教学资源包"范例\CH09"目录中的"9_02_01.max"文件。

（2）单击主工具栏中的 按钮，打开【渲染场景】窗口。切换到【高级照明】选项卡，在其下【选择高级照明】面板中的下拉列表里选择【光能传递】选项，位置如图 9-24 所示。如果默认已经进入了【光能传递命令面板】，注意将该选项右侧的【活动】选项勾选。

（3）在【光能传递处理参数】面板中单击 开始 按钮，开始光能传递求解，如图 9-25 左图所示，在最下方的【统计数据】面板中可看到当前求解状态，如图 9-25 右图所示。

图 9-24　【光能传递】选项的位置

图 9-25　【光能传递处理参数】及【统计数据】面板

（4）求解完毕后透视图形态如图 9-26 左图所示，单击 按钮，渲染透视图，效果如图 9-26 右图所示。整个场景被点亮了，这是因为光能传递已经计算了间接光的传递效果。

图 9-26　求解后的透视图及渲染效果

通常情况下，这种效果已经满足要求了，但是为了得到进一步优化光能传递的效果，可以进行优化迭代次数的运算。

（5）在【光能传递处理参数】面板中将【优化迭代次数（所有对象）】右侧的参数值设为 3，单击 全部重置 按钮，弹出如图 9-27 所示的【重置光能传递解决方案】对话框。

（6）单击 是 按钮，再单击 开始 按钮，开始光能传递求解。求解完毕后，渲染透视图，效果进一步被优化了。

图 9-27　【重置光能传递解决方案】对话框

（7）单击窗口左上方的 按钮，在下拉列表中选择【另存为】命令，将场景另存为 "9_02_ok.max" 文件。此场景的线架文件以相同名字保存在教学资源包的 "范例\CH09" 目录中。

如果打开该文件，发现只能看见几个灯光物体，而看不到其他场景物体的话，可以进入光能传递面板，单击 全部重置 按钮即可。

【补充知识】

光能传递还有许多扩展的卷展栏，在这里简单的介绍一下它们的功能和作用。

（1）【光能传递处理参数】卷展栏：包含处理光能传递解决方案的主要参数，主要分两个层次的光能传递求解。

- 【初始质量】：在初始质量阶段期间，光能解决方案引擎会绕着场景反弹光线，并将

205

能量分布在曲面上。

- 【优化迭代次数】：设置优化迭代次数的数目以作为一个整体来为场景执行。"优化迭代次数"阶段将增加场景中所有对象上的光能传递处理的质量。

（2）【光能传递网格参数】卷展栏：控制光能传递网格的创建及其大小，网格数越小，计算结果越细腻，但是消耗的时间越长。

- 【启用】：勾选启用后，系统才开始进行光能传递的网格细分。

（3）【渲染参数】卷展栏：提供用于控制如何渲染光能传递处理的场景的参数。在这个面板中有个重要的概念，就是【重聚集间接照明】。

- 【重聚集间接照明】：勾选该选项后，3ds Max 除了计算所有的直接照明之外，还可以重聚集取自现有光能传递解决方案的照明数据，来重新计算每个象素上的间接照明。使用该选项能够产生最为精确且极具真实感的图像，但是它会增加相当大的渲染时间量。

9.4.2　环境曝光控制

渲染图像精度的一个受限因素是计算机显视器的动态范围，动态范围是显视器可以产生的最高亮度和最低亮度之间的比率。曝光控制会对监视器受限的动态范围进行补偿，对灯光亮度值进行转换，会影响渲染图像、视图显示、亮度和对比度，但它不会对场景中实际的灯光参数产生影响，只是将这些灯光的亮度值转换到一个正确的显示范围之内。

曝光控制用于高速渲染的输出亮度和颜色范围，类似于电影的曝光处理，它尤其适用于物理光度灯，并且在进行【光能传递】计算时也起着重要的作用。3ds Max 2012 中提供了多种类型的曝光控制方式，在曝光控制列表框的下拉列表中可以进行选择。

下面就讲述环境曝光控制的使用方法。

✎ 环境曝光控制的使用方法

（1）继续上一场景。激活透视图，选择菜单栏中的【渲染】/【环境】命令，打开【环境和效果】窗口，在【曝光控制】面板中的下拉列表中选择【自动曝光控制】选项。

（2）单击【曝光控制】面板中的 ▭渲染预览▭ 按钮，可在此按钮的上方预览曝光效果，如图 9-28 所示。

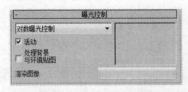

图 9-28　曝光预览效果

（3）单击 ◎ 按钮，渲染透视图，效果如图 9-29 所示。

（4）在【曝光控制】窗口下方，有一个曝光参数控制面板，会根据不同的曝光控制器出现相应的可调节参数。因为当前选用的是【对数曝光控制】，所以该面板名称就是【对数曝光控制参数】，分别修改其下的【亮度】值为"50"，【对比度】值为"100"。在【曝光控制】面板中的预览窗口中会实时发生变化。也可以渲染观察最终效果变化。

无曝光效果　　　　　　　　　　对数曝光效果

图 9-29　透视图的渲染效果

【补充知识】

在【曝光控制】面板中常用的 3 种曝光控制含义如下。

（1）自动曝光控制。自动曝光控制的工作原理是，对渲染的图像进行采样，创建一个柱状图统计结果，然后依据采样统计的结果分别对不同的色彩进行曝光控制，它可以相对提高场景的光效亮度。效果如图 9-38 所示。如果灯光有衰减设置，使用自动曝光控制能产生较好的效果，常用来渲染静帧图像。

（2）线性曝光控制。线性曝光控制首先会对渲染图像进行采样，计算出场景的平均亮度值并将它转换到 RBG 值，适合于低动态范围的场景。

（3）对数曝光控制。3ds Max 2012 输出图像通常支持的颜色范围是 0 ~ 255，曝光控制的任务就是把那些不符合此范围的颜色值降低到输出格式支持的这个范围内。如果场景中使用的主光源是标准灯光类型，则使用对数曝光控制会产生较好的效果，这种曝光方式最为常用。

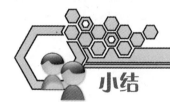

小结

本章重点介绍了以下几部分内容。

（1）光度学灯光及其集合。光度学灯可以和灯具物体有机地结合在一起，通常可以先集中制作一批带灯具的各种灯光集合，将它们存成灯具库，在搭建完场景后再通过合并，将灯光合并到场景里。由于集合过程比较复杂，也可以省略集合这一步，只需要使灯光与灯具物体成组即可。

（2）光度学灯布光与环境曝光控制。在使用光度学灯进行布光时，应首先根据需要表现的光源特性来判断应使用点光源、线光源还是面光源，然后再将选定的光源类型放在对位置，调整好方向即可。与标准灯光最大的区别是此类灯光可加载光域网文件，从而得到更加准确、细腻的光线发散效果。在选择曝光方式时，应当注意室外场景尽量选择对数曝光，室内场景可根据需要选择线性或自动曝光。

（3）光能传递。从光能分布的细致程度来划分，可以将光能传递分为 3 个等级：初始优化品质、全局细分品质和重聚集品质。其中重聚集品质属于"傻瓜"型的计算方式，只需要对场景做少许求解，即可将所有任务交给计算机，但是渲染时间非常长。在使用初始优化品质进行求解时，不宜将这两个参数设置的过高，初始值最高在"90"左右，优化值在"4"左右即可。这些都需要在实际工作中摸索总结。

（4）光跟踪器。这种高级灯光模块与【天光】类型灯光配合使用可以很好地展示建筑外观和工业产品外观等，它对模型的尺寸要求不高且求解速度很快，是一个非常好用的高级灯光求解系统。

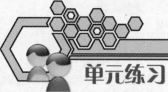

单元练习

一、填空题

1. 光度学中的灯光用来模拟现实生活中各种_____的照射效果，它本身携带了_____。

2. 光度学灯主要包括_____、_____和_____3 类。

3. 光域网文件是一种依据_____生成的文本格式光域网文件（.ies 格式），它包含了光线的_____。

4. 高级灯光照明模块是支持_____的全局照明系统，它可以表现出真实的全局照明效果。

二、选择题

1. 【光跟踪器】是一种基于_____技术的全局照明系统，它通过在场景中进行点采样并计算光线的反射，从而创建出较为逼真的室外照明效果。

   A. 光线跟踪　　　　B. 光能传递

2. 光度学灯本身就携带着光度属性，作为一种光源，它通常_____物理外观与光度属性结合起来使用。

   A. 需要　　　　　B. 不需要　　　　　C. 必须　　　　　D. 绝对不需要

三、问答题

系统自动进行光能传递的过程有哪几步？

四、操作题

打开教学资源包中的"习题\习题场景\Lx09_01.max"文件，选择对数曝光方式，利用【光能传递】渲染场景，效果如图 9-30 所示。此场景的线架文件以"Lx09_01_ok.max"名称保存在教学资源包的"习题\习题场景"目录中。

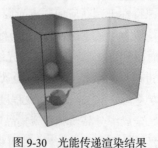

图 9-30　光能传递渲染结果

第10章

环境特效动画

自然环境是一个不完全透明的空间，在这个空间内充斥着各种各样的烟雾和灰尘。这些烟雾通常会使人产生距离感，有一些烟雾还能起到烘托意境的作用，使人产生联想。由于 3ds Max 拥有纯净的三维空间，创建出来的场景总是感觉不够真实，如果添加一些烟雾效果的话，可以极大地增强视觉效果，而且还能起到融合画面元素、渲染场景气氛的作用。3ds Max 2012 提供了雾和体积雾两种环境特效，可以创建出多种雾状效果。另外，它还提供了火焰特效，主要用来生成燃烧的火焰、爆炸的火球等与火有关的效果。

本章将重点介绍这些环境特效的制作方法。

10.1 环境特效的使用方法

环境特效的创建方法比较特殊，它有别于三维物体或材质的创建，无法在视图中进行预览，只能通过对透视图或摄影机视图的渲染才能看得到。本节将介绍两种最常用的环境特效的创建方法。

10.1.1 直接添加法

有一部分环境特效可以不借助辅助装置，直接作用于整个场景，本例将为一个雕塑场景直接添加环境雾效。

☞ 直接添加特效法

（1）重新设定系统。单击窗口左上方快速访问工具栏中的 按钮，打开教学资源包中的"范例\ CH04\4_04_ok.max"场景文件。

（2）选择菜单栏中的【渲染】/【环境】命令，打开【环境和效果】窗口，单击【大气】面板中的 添加... 按钮，在弹出的【添加大气效果】对话框中选择【雾】选项，如图 10-1 所示。

（3）单击 确定 按钮，关闭【添加大气效果】对话框，在其下的【雾参数】面板中修改各参数设置至如图 10-2 所示。

（4）渲染透视图，效果如图 10-3 所示。

图 10-1 【添加大气效果】　　　图 10-2 【雾参数】面板中修改　　　图 10-3 透视图的渲染效果
对话框　　　　　　　　　各参数设置

（5）单击窗口左上方的 按钮，在下拉列表中选择【另存为】命令，将此场景另存为"10_01.max"文件。此场景的线架文件以相同名字保存在教学资源包的"范例\CH10"目录中。

【补充知识】

在【雾参数】面板中常用参数解释如下。

（1）【标准】栏：设置标准类型的雾。

- 【近端】：设置近距范围雾的浓度。
- 【远端】：设置远距范围雾的浓度。

（2）【分层】栏：设置层状雾。

- 【顶】/【底】：设置层雾的上限/下限。
- 【地平线噪波】：在层雾与地平线交汇处加入噪波处理，增加真实感。
- 【大小】：设置噪波的缩放系数，值越大，雾的碎块就越大。
- 【角度】：设置受影响的地平线的角度。

10.1.2　大气装置辅助法

在辅助对象面板中有一类大气装置物体是专门用来制作环境特效的，主要起限定环境特效产生范围的作用，通过这些大气装置物体，用户可以自由地在场景中安排环境特效的位置。

大气装置辅助法

（1）重新设定系统。单击 / 按钮，在 标准 下拉列表中选择 大气装置 选项。

（2）在【对象类型】面板下，单击 球体 Gizmo 按钮，在透视图中拖曳鼠标光标生成一个球框，这就是火焰的【Gizmo】线框，形态如图 10-4 所示。

（3）单击 按钮进入修改命令面板，在最底部的【大气和效果】面板中单击 添加 按钮。

（4）在弹出的【添加大气】对话框中选择【火效果】选项，再单击 确定 按钮。

（5）单击 按钮，渲染透视图，效果如图 10-5 所示。

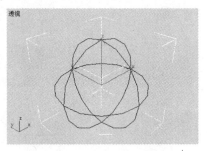

图 10-4　透视图中的火焰线框

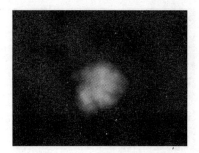

图 10-5　火焰的渲染效果

【补充知识】

在【大气和效果】面板中选择【火效果】选项，然后单击 设置 按钮，弹出【环境和效果】窗口，可以在其中的【火效果参数】面板中修改火焰，面板形态如图 10-6 所示。

其中常用参数含义如下。

- 【内部颜色】/【外部颜色】/【烟雾颜色】：分别设置火焰焰心的颜色、火苗外围的颜色和烟的颜色。
- 【规则性】：设置火焰在线框内部填充的情况，值域是 0～1。
- 【密度】：设置火焰不透明度和光亮度，值越小，火焰越稀薄、越透明。
- 【相位】：控制火焰变化的速度，通过对它进行动画制作，可以产生动态的火焰效果。

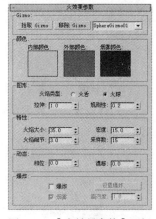

图 10-6　【火效果参数】面板

10.2 雾效的使用方法

雾效是制造三维场景真实感的一种重要手段，在 3ds Max 2012 系统的三维空间中，是完全没有微粒尘埃的。为了表现出真实的效果，就要为场景增加一定的雾效，使场景处于云雾缭绕的氛围之中。这个功能同样可以表现充满尘埃的大气效果。

10.2.1　标准雾特效

本范例将通过为一个室外场景制作标准雾，来介绍标准雾特效的制作方法，效果如图 10-7 所示。

制作标准雾效

（1）重新设定系统。单击窗口左上方快速访问工具栏中的 按钮，打开教学资源包中的"范例\CH10\10_02.max"场景文件，这是一个没有雾效的室外场景。

（2）选择【Camera01】物体，单击 按钮进入修改命令面板，勾选【参数】面板中的【环境范围】/【显示】选项，并将【近距范围】值设为"400"、【远距范围】值设为"800"，这两个值所控制的范围如图 10-8 所示。

图 10-7　标准雾效果

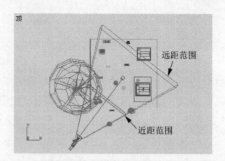

图 10-8　【近距范围】和【远距范围】控制的范围

　如果场景中有雾效设置，从摄影机到近点范围内的场景是清晰的，从近点范围到远点范围内的场景中雾的浓度从"0"逐渐过渡到最大。

（3）选择菜单栏中的【渲染】/【环境】命令，打开【环境和效果】窗口，为场景添加雾效。

（4）单击主工具栏中的 ⊙ 按钮，渲染摄影机视图，此时场景中弥漫着大雾，效果如图 10-9 所示。

此时场景中的雾浓度是一样的，需要进行修改。

（5）在【雾参数】面板中，勾选【标准】栏下的【指数】选项，并修改【近端 %】值为"10"，【远端%】值为"45"。

（6）再次渲染摄影机视图，雾变稀薄了，效果如图 10-10 所示。

图 10-9　摄影机视图的渲染效果

图 10-10　摄影机的渲染效果

下面制作黑色雾效，可以使场景看起来深不可测。

（7）在【雾参数】面板中取消【雾】/【雾化背景】选项的勾选，此时场景中的雾效不作用于背景，即不对背景进行雾化处理。

（8）将【雾】/【颜色】设为纯黑色，在修改命令面板中，将投影机的【近距范围】值设为"1000"、【远距范围】值设为"1300"。

（9）渲染摄影机视图，效果见图 10-7。

（10）单击窗口左上方的 ⑤ 按钮，在下拉列表中选择【另存为】命令，将此场景另存为"10_02_ok.max"文件。此场景的线架文件以相同名字保存在教学资源包的"范例\CH10"目录中。

【补充知识】

- 【近端 %】：指从摄影机到近点范围之间场景中的雾效。值为"0"表示当前场景中近点范围内没有任何雾效。
- 【远端 %】：表示远点范围至无限远处雾效最大值。

10.2.2　层状雾特效

层雾是雾效的另一种特殊形式，如图 10-11 所示。层雾的深度和宽度是无限延伸的，但它的高度和厚度却可以自由指定。既可以将层雾放在地面上来制造舞台效果，也可以将它放在天空中充当云朵。

制作层状雾效

（1）继续上一场景。在【环境和效果】窗口中为场景再添加一个【雾】选项。

（2）在【雾参数】面板中点选【雾】/【分层】选项，其余参数设置如图 10-12 所示。

图 10-11　层雾效果

图 10-12　【雾参数】面板参数设置

（3）单击主工具栏中的 按钮，渲染摄影机视图，此时场景的底层弥漫着大雾，效果如图 10-13 所示。

此时虽然出现了层雾效果，但它的浓度是一样的，为了增加场景的气氛，需要修改雾的颜色，并制作薄厚不一的层雾效果。

（4）在【雾参数】面板中将【颜色】设置为【红】："132"、【绿】："194"、【蓝】："205" 的蓝色，取消【雾化背景】选项的勾选。

（5）在【雾参数】面板中单击【环境不透明度贴图】/ 无 按钮，在弹出的【材质/贴图浏览器】窗口中选择【噪波】程序贴图。

（6）单击主工具栏中的 按钮，打开【材质编辑器】窗口，然后在【环境和效果】窗口中，将【环境不透明度贴图】下的贴图以【实例】方式复制到【材质编辑器】窗口中一个未编辑过的示例球上。

（7）在【噪波参数】面板中，修改其中的参数设置，如图 10-14 所示。

图 10-13　层雾效果

图 10-14　【噪波参数】面板中的参数设置

（8）单击主工具栏中的 ◻ 按钮，渲染摄影机视图，出现了薄厚不一的层雾效果，如图 10-11 所示。

（9）单击窗口左上方的 ◉ 按钮，在下拉列表中选择【另存为】命令，将此场景另存为 "10_03.max" 文件。此场景的线架文件以相同名字保存在教学资源包的 "范例\CH10" 目录中。

10.2.3　体积雾特效

体积雾能够为场景制造出各种不同密度的烟雾效果，它可以控制云雾的色彩、浓淡、变化速度及风向等。下面就利用体积雾制作天空中的云层效果，如图 10-15 所示。

图 10-15　体积雾效果

🔑　为飞机场景加入体积雾

（1）重新设定系统。单击窗口左上方快速访问工具栏中的 ◻ 按钮，打开教学资源包中的 "范例\ CH10\10_04.max" 场景文件，这是一个没有体积雾效的飞机场景。

> **要点提示**　体积雾的效果只有在场景中有物体的时候才能体现出来，所以在使用体积雾时，场景中必须要有物体存在。

（2）选择菜单栏中的【渲染】/【环境】命令，打开【环境和效果】窗口，为场景添加一个 "Sky.bmp" 背景文件。

（3）选择菜单栏中的【视图】/【视口背景】命令，打开【视口背景】窗口，勾选【背景源】栏中的【使用环境背景】选项，位置如图 10-16 所示。

（4）单击 确定 按钮，关闭【视口背景】窗口。

（5）在摄影机视图的【Camera01】标识上单击鼠标右键，在弹出的快捷菜单栏中选择【显示背景】命令，在摄影机视图中显示背景图像，效果如图 10-17 所示。

图 10-16　【视口背景】对话框形态

图 10-17　摄影机视图形态

（6）单击 ◻ / ◻ 按钮，在 标准 ▾ 下拉列表中选择 大气装置 ▾ 选项，再单击其中的 长方体 Gizmo 按钮，在顶视图中创建一个【长度】值为 "400"、【宽度】值为 "700"、【高度】值为 "-40" 的方形套框，其中方形套框的上边缘要与背景的白色区域对齐，位置如图 10-18 所示。

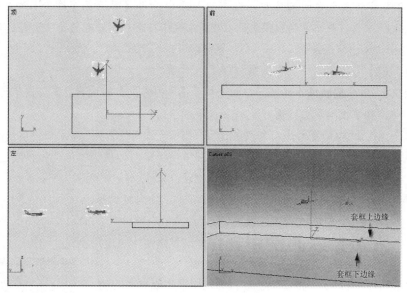

图 10-18　方形套框的位置

（7）单击 按钮，进入修改命令面板，在【大气和效果】面板中单击 添加... 按钮，在弹出的【添加大气】对话框中选择【体积雾】选项，然后单击 确定 按钮，关闭【添加大气】对话框。此时在【大气和效果】面板中便添加了一个【体积雾】选项。

（8）选择【大气和效果】面板中的【体积雾】选项，单击 设置 按钮，在打开的【环境和效果】窗口中的【体积雾参数】面板里，将【颜色】色块修改为【红】"230"、【绿】"246"、【蓝】"255"的浅蓝色，其余参数设置如图 10-19 所示。

（9）单击主工具栏中的 按钮，渲染摄影机视图，效果如图 10-20 所示。

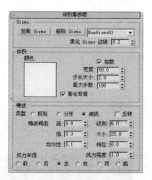

图 10-19　【体积雾参数】面板参数设置

图 10-20　摄影机视图的渲染效果

下面制作体积雾动画。

（10）单击动画控制区中的 自动关键点 按钮，打开动画记录，再单击 按钮，时间滑块自动跳到最后一点的位置。

（11）在【体积雾参数】面板中将【相位】值设为"0.5"。

（12）单击 自动关键点 按钮，关闭动画记录。

（13）单击主工具栏中的 按钮，打开【渲染场景】窗口，利用前面介绍的方法渲染输出动画，取名为"体积雾.avi"。此文件以相同名字保存在教学资源包的"范例\CH10"目录中。

（14）单击窗口左上方的 ⑤ 按钮，在下拉列表中选择【另存为】命令，将此场景另存为 "10_04_ok.max" 文件。此场景的线架文件以相同名字保存在教学资源包的 "范例\CH10" 目录中。

【补充知识】

【体积雾参数】面板中的常用参数解释如下。

- 【相位】：用于控制风的速度。如果进行了【风力强度】的设置，雾将按指定风向进行运动，如果没有风力设置，它将在原地翻滚。

- 【风力强度】：控制雾沿风向移动的速度，相对于【相位】值。如果相位值变化很快，而风力强度值变化较慢，雾将快速翻滚且缓慢漂移；如果相位值变化很慢，而风力强度值变化较快，雾将快速漂移且缓慢翻滚。

- 【风力来源】：确定风从哪个方向吹，有 6 个正方向可选择。

10.3 火焰特效的使用方法

3ds Max 2012 还提供了一种燃烧特效，可以用来生成真实的动态燃烧效果。在影视作品中经常会看到有燃烧的场面，或在爆炸后产生一大团火球的景象，这些效果都可以用 3ds Max 2012 提供的燃烧模块来创建。

本节将利用火焰特效，制作一个如图 10-21 所示的爆炸后的火焰效果。

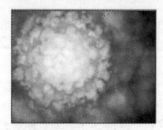

图 10-21　火焰效果

10.3.1 多层嵌套火球

下面先制作一个多层嵌套的火球，然后再介绍火焰效果的制作方法。

☞ 在场景中做一团火焰

（1）重新设定系统。单击时间设置区中的 按钮，打开【时间配置】对话框，修改【动画】/【长度】值为 "250"，并将【点速率】设为【PAL】制。

（2）单击 / 按钮，在 标准 ▼ 下拉列表中选择 大气装置 ▼ 选项，单击其中的 球体 Gizmo 按钮，在透视图中按住鼠标左键，拖曳出一个球形套框，将其【半径】值修改为 "100"。

（3）单击 按钮进入修改命令面板，单击【大气和效果】面板中的 添加... 按钮，在弹出的【添加大气】对话框中选择【火效果】选项，然后单击 确定 按钮，关闭【添加大气】对话框。

（4）单击 按钮，以默认参数渲染透视图，效果如图 10-22 所示。

（5）选择【大气和效果】面板中的【火效果】选项，单击 设置 按钮，在打开的【环境和效果】窗口中的【火效果参数】面板里，修改各色块颜色，如表 10-1 所示。

图 10-22　透视图渲染效果

表 10-1　各色块参数设置

名称	红	绿	蓝
【内部颜色】	253	242	114
【外部颜色】	252	184	0
【烟雾颜色】	55	55	55

（6）单击动画控制区中的 自动关键点 按钮，打开动画记录，再单击 ⏭ 按钮，时间滑块自动跳到最后一点的位置，将【动态】/【相位】值修改为 "250"。

（7）单击 自动关键点 按钮，关闭动画记录。

（8）设置【火效果参数】面板中的其他参数，如图 10-23 所示。

下面要再做几个球形线框并为它们添加火焰特效，为了避免混淆，最好为各线框命名。

（9）在【大气】面板【名称】右侧的文本框内将 "火效果" 名称改为 "火效果 01"。

（10）将时间滑块拖到第 100 帧的位置，单击主工具栏中的 ⟳ 按钮，渲染透视图，火焰效果如图 10-24 所示。

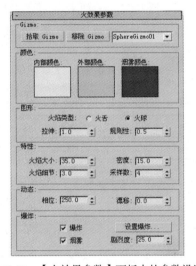

图 10-23　【火效果参数】面板中的参数设置

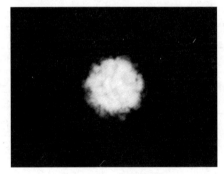

图 10-24　火焰效果

【补充知识】

在【火效果参数】参数面板中，常用的选项含义如下。

- 拾取 Gizmo：单击此按钮，可以在视图中点取已建立的大气装置线框虚拟物体。
- 【内部颜色】：设置火焰焰心的颜色。
- 【外部颜色】：设置火苗外围的颜色。
- 【烟雾颜色】：设置烟雾的颜色，如果打开【爆炸】选项，内部颜色和外部颜色将动态变化为烟雾颜色。如果未打开【爆炸】选项，烟雾颜色将被忽略。
- 【拉伸】：沿线框物体自身的 z 轴方向拉伸火焰。
- 【密度】：设置火焰的不透明度和光亮度，值越小，火焰越稀薄、越透明。
- 【规则性】：设置火焰在线框物体内部的填充情况，数值范围为 1～0。
- 【采样数】：用于计算的采样速率，采样数越大，结果越精细，但渲染的速度也就越慢。

- 【相位】：用来控制火焰变化的速度，通过对它进行动画制作，可以产生动态的火焰效果。
- 【爆炸】：勾选该选项，系统会根据相位值的变化自动产生爆炸动画。

10.3.2 火球爆炸动画

在 3ds Max 2012 中火焰是可以被制作成动画效果的，下面就继续上一场景来做一团燃烧的火焰动画。

创建燃烧的火焰动画

（1）继续上一场景。单击 球体 Gizmo 按钮，在前视图中再创建几个球形线框，各线框的位置及参数设置如图 10-25 所示。

（2）利用上面所讲方法为各线框添加【火效果】火焰特效，在【大气】面板中修改各火焰特效的名称，使"火效果"名称对应各线框名称，如线框名为"SphereGizmo02"，那么火焰特效名称就为"火效果02"。

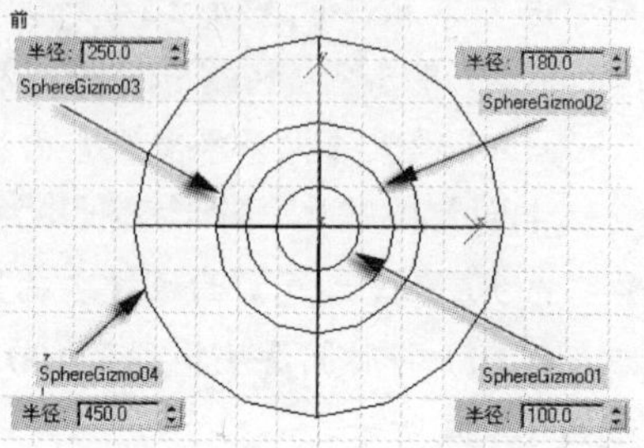

图 10-25 各球形线框的位置及参数设置

（3）在【火效果参数】面板中，修改各火焰特效【颜色】栏内各色块的颜色，参数如表 10-2 所示。

表 10-2 火焰颜色设置

火焰特效名称	色块	红	绿	蓝
【火效果 02】	【内部颜色】	252	190	0
	【外部颜色】	225	30	30
	【烟雾颜色】	26	26	26
【火效果 03】	【内部颜色】	172	69	0
	【外部颜色】	146	19	19
	【烟雾颜色】	26	26	26
【火效果 04】	【内部颜色】	190	198	199
	【外部颜色】	103	161	170
	【烟雾颜色】	154	154	154

（4）在【火效果参数】面板中，分别为各火焰特效的【相位】值进行动画设置，各火焰特效的起始点和结束点设置如表 10-3 所示。

表 10-3 【相位】值的动画设置

火焰特效名称	【相位】值动画设置范围	
	起始点	结束点
【火效果 02】	0	250
【火效果 03】	0	250
【火效果 04】	28	250

（5）【火效果 02】～【火效果 04】的【火效果参数】面板中的设置如图 10-26 所示。

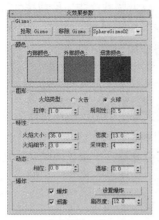
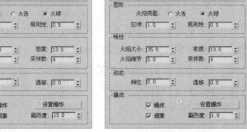
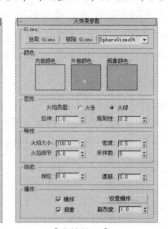

【火效果 02】　　　　　　　【火效果 03】　　　　　　　【火效果 04】

图 10-26　各火效果的参数设置

（6）将时间滑块拖到第 100 帧的位置，适当调节透视图的显示角度，单击主工具栏中的 按钮，渲染透视图，火焰效果如图 10-27 所示。

此时烟雾是笼罩在火焰外面的，需要将烟雾调到火焰的后面。

（7）在【大气】面板中选择【火效果 04】选项，单击 3 次 上移 按钮，将【火效果 04】选项向上移动。利用相同方法将各火焰特效重新排列，结果如图 10-28 所示。

（8）单击主工具栏中的 按钮，渲染透视图，火焰效果如图 10-29 所示。

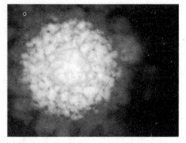

图 10-27　透视图的渲染效果　　　图 10-28　火焰特效排列结果　　　图 10-29　透视图的渲染效果

（9）单击主工具栏中的 按钮，打开【渲染场景】窗口，利用前面所讲方法渲染输出动画，取名为"火焰.avi"（此文件保存在教学资源包的"范例\CH10"目录中）。

（10）单击窗口左上方快速访问工具栏中的 按钮，将此场景另存为"10_05.max"文件。此场景的线架文件以相同名字保存在教学资源包的"范例\CH10"目录中。

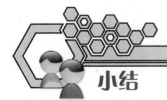

小结

本章重点介绍了以下两部分内容。

（1）环境雾特效。用来产生雾的环境特效模块有两个，一个是【雾】，另一个是【体积雾】。【雾】通常用来制作大规模的环境雾效果，增加场景的纵深感，或为场景营造一种神秘的气氛。这种雾效还可以限制它的厚度，用来表现低沉的地面雾层或飘浮的空中雾层。

【体积雾】通常用来制作小范围内的雾团，与大气装置结合使用，既可以改变它的位置，也可以改变方向，运用起来更加灵活。

（2）火焰特效。火焰特效可以制作火舌和火球两类火焰效果，火舌形态主要用来表现燃烧的火把、蜡烛火苗、燃烧的篝火、助推火箭尾部的火焰等效果。火球主要用于制作爆炸后的剧烈燃烧所产生的火球燃烧效果，所以制作火球时多数情况下都要用到【爆炸】选项。

这些环境特效属于柔化类图像元素，它可以使画面的整体或部分产生柔化的感觉，从而抵消三维物体的生硬感。如果感觉一层特效过于单薄，可以多做几个特效嵌套在一起，用来产生比较厚重的环境视觉效果。

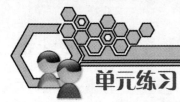

单元练习

一、填空题

1．在做雾效时，在【环境】选项卡中【标准】面板下的【近端 %】的值是指摄影机到_____范围之间场景中的雾效。

2．层雾的雾效是一种特殊效果，它的深度和宽度是_____。

3．在使用体积雾时，场景中必须有_____存在。

二、选择题

1．当【环境】选项卡中【标准】面板下的【远端 %】的数值为"45"时，表示_____雾效最大值为"45%"。

A．当前场景中近点范围内

B．远点范围至无限远处

C．近点和远点之间

D．摄影机到远点之间

2．如果想柔化场景中层雾的边界，应当在【环境】选项卡中的【分层】面板下选取_____选项。

A．【地平线噪波】

B．【衰减】/【顶】

C．【衰减】/【底】

D．【角度】

3．在做雾效时，勾选【指数】选项的目的是让雾的浓度按_____规律增加。

A．函数　　　　　　　　　　　B．指数

C．对数　　　　　　　　　　　D．倍数

三、问答题

雾有几种形式？它们的区别是什么？

四、操作题

1. 利用大气装置制作如图 10-30 所示的爆炸火焰效果。此场景的线架文件以"Lx10_01.max"名字保存在教学资源包的"习题场景"目录中。

2. 打开本书教学资源包中的"习题场景\Lx10_02.max"文件，为场景制作何种雾效果，如图 10-31 所示。此场景的线架文件以"Lx10_02_ok.max"名字保存在教学资源包的"习题场景"目录中。

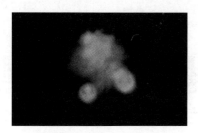

图 10-30　爆炸火焰效果

图 10-31　体积雾效果

第11章

粒子系统动画

粒子系统在 3ds Max 2012 中是一个相对独立的造型系统，常用来创建雨、雪、灰尘、泡沫、火花和气流等效果。粒子系统可以将任何造型作为粒子，其群组物体的表现能力很强，不仅可以制作以上几种效果，还可以制作如人群、鱼群或花园里随风摇曳的花簇以及吹散的蒲公英等。粒子系统主要用于表现动态的群组物体效果，它与时间、速度有着非常密切的关系。

与粒子系统密不可分的是动力学辅助系统，它可以模拟物理环境中的风力、重力、物体间的阻拦反弹等特性。这些物体通过绑定就可以影响粒子的走向和整体形态。

本章将重点介绍粒子系统以及与动力学辅助系统的配合使用方法。

11.1 粒子系统与空间扭曲

创建粒子系统时需要注意两个方面，一个是粒子发射源，另一个是粒子发射后的走向。本节首先介绍多种粒子发射方式，然后介绍空间力场及导向物体对粒子产生的影响。

11.1.1 多种粒子发射方式

粒子发射的方式有很多种，可以从一个点、一个面或者一个三维物体上进行发射。不同的发射方式适用范围也不同，例如喷泉就是由一个点进行粒子发射的，而下雨或下雪则是通过一个面进行粒子发射的。

☞ 多种粒子发射方式

（1）重新设定系统。在创建面板的 标准基本体 下拉列表中选择 粒子系统 选项，单击 雪 按钮，在透视图中按住鼠标左键，拖曳出一个雪花粒子发生器。

（2）单击动画时间设置区中的 ▶ 按钮，在透视图中观看粒子效果，发现粒子是以发射器面为准进行发射的，如图 11-1 所示。

（3）单击 超级喷射 按钮，在透视图中创建一个超级喷射粒子发生器，并观看粒子运动效果，会发现粒子是以点向发射的，如图 11-2 所示。

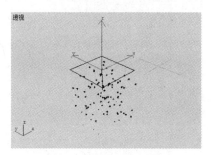

图 11-1　雪花粒子发射状态

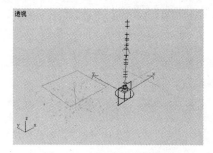

图 11-2　超级粒子发射状态

（4）单击 粒子阵列 按钮，在透视图中创建一个粒子阵列发生器，此时单击▶按钮，粒子阵列发生器并未出现粒子。这是因为粒子阵列需要一个三维物体作为载体，从它的表面向外发散粒子。

（5）在创建面板中 粒子系统 ▼ 下拉列表中选择 标准基本体 ▼ 选项，单击其下的 球体 按钮，在透视图中创建一个球体。

（6）选择粒子阵列发生器，单击 ✎ 按钮进入修改命令面板，单击【基本参数】/ 拾取对象 按钮，在透视图中拾取球体。

（7）单击▶按钮，在透视图中观看粒子阵列效果，此时粒子从球体的表面向外发散，如图 11-3 所示。

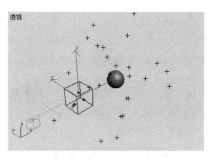

图 11-3　粒子阵列发射状态

11.1.2　空间力场对粒子的影响

在没有施加影响之前，粒子将沿着某一方向笔直运动。而空间力场则可用来模拟风力、重力对粒子系统产生的影响。

🔑 空间力场对粒子的影响

（1）重新设定系统。在创建面板的 标准基本体 ▼ 下拉列表中选择 粒子系统 ▼ 选项，单击 超级喷射 按钮，在前视图中创建一个超级喷射粒子，其参数设置如图 11-4 所示。

（2）单击动画时间设置区中的▶按钮，在透视图中观看粒子运动状态，是一直朝水平方向发散的，如图 11-5 所示。

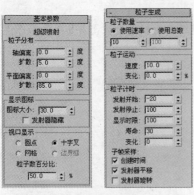

图 11-4　超级喷射粒子的参数设置

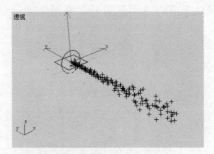

图 11-5　超级喷射粒子效果

（3）单击 🔧 / 〰 / 重力 按钮，在顶视图中拖曳出一个重力图标，在【参数】面板中将【重力】值设为 "0.7"。

（4）单击主工具栏中的 🔗 按钮，将重力图标与喷射发生器进行绑定，此时粒子会受重力影响而向下垂落，效果如图 11-6 所示。

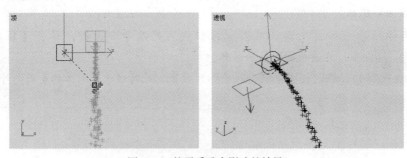

图 11-6　粒子受重力影响的效果

（5）单击窗口左上方的 🔵 按钮，在下拉列表中选择【另存为】命令，将此场景另存为 "11_01.max" 文件。此场景的线架文件以相同名字保存在教学资源包的 "范例\CH11" 目录中。

【补充知识】

下面对超级喷射粒子的【基本参数】和【粒子生成】面板中的常用参数进行解释。

（1）【基本参数】面板。

- 【轴偏离】：设置粒子与发生器中心 z 轴的偏离角度，产生斜向的喷射效果。其下的【扩散】值设置在 z 轴方向上，决定粒子发射后散开的角度。

- 【平面偏离】：设置粒子在发生器平面上的偏离角度。其下的【扩散】值设置在发生器平面上，决定粒子发射后散开的角度。

- 【粒子数百分比】：设置视图中显示粒子的百分比，100%为全部显示。

（2）【粒子生成】面板。

- 【速度】：设置在生命周期内的粒子移动第 1 帧的距离。

- 【发射时间】：设置粒子从第几帧开始出现，如果将此值设为 "－10"，表示粒子在第 0 帧以前就开始发射了，并且已经发射了 10 帧的距离。

- 【寿命】：设置每颗粒子从出现到消失要经历多少帧。如果将其设为 "40"，表示在第 0 帧出现的粒子到第 40 帧就消失了。

空间力场常用的选项解释如下。

- ▉▉**重力**▉▉按钮：模拟自然界地心引力的影响，对物体或粒子系统产生重力作用。
- ▉▉**风**▉▉按钮：用来模拟风吹动粒子系统所产生的粒子的效果。

11.1.3　粒子的导向效果

在自然环境中，一个物体坠落后碰到另外一个物体会产生反弹，而在 3ds Max 2012 中物体可以相互穿透，没有反弹效果。有一类导向器物体是专门用来设置物体之间的碰撞与反弹效果的。

⌨　粒子的导向效果

（1）继续上一场景。在透视图中创建一个半径为"35"的茶壶，使其能碰到下落的粒子，位置如图 11-7 所示。

（2）在创建命令面板中的▉**力**▉下拉列表中选择▉**导向器**▉选项，单击其下的▉▉**全导向器**▉▉按钮，在顶视图中创建一个全导向器，在【参数】面板中单击▉▉**拾取对象**▉▉按钮，选择茶壶物体，使茶壶物体成为导向板的载体。

（3）单击主工具栏中的▉按钮，将全导向器与粒子进行绑定，然后在透视图中观看动画预览效果，此时粒子流在碰到茶壶物体时，会出现反弹效果，如图 11-8 所示。

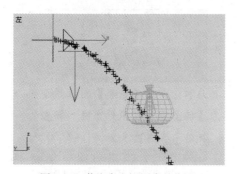
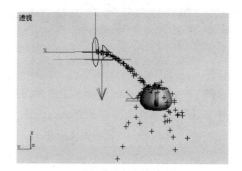

图 11-7　茶壶在左视图中的位置　　　　　　图 11-8　粒子反弹效果

（4）选择菜单栏中的【文件】/【另存为】命令，将此场景另存为"11_02.max"文件。此场景的线架文件以相同名字保存在教学资源包的"范例\CH11"目录中。

【补充知识】

- ▉▉**全导向器**▉▉按钮：指定任意三维物体为导向板，对粒子起到反弹作用。
- ▉▉**导向板**▉▉按钮：以平面板方式对粒子产生阻挡作用。
- ▉▉**导向球**▉▉按钮：以球体方式对粒子产生阻拦作用。
- ▉▉**动力学导向板**▉▉：动力学导向板是一种平面的导向器，是一种特殊类型的空间扭曲，它能使粒子系统对物体产生动力学作用的影响。

11.2　常用粒子系统使用方法

3ds Max 2012 提供了不同种类的粒子系统，以下是几种常用的粒子效果。

- ▉▉**喷射**▉▉：发射垂直的粒子流，其系统参数较少，易于控制，效果如图 11-9 所示。

- 雪 ：用来模拟雪花效果，它的【翻滚】值可以控制使每片雪花在落下的同时进行翻滚运动，也可以给它指定多维材质，产生五彩缤纷的碎片下落效果，如图 11-10 所示。

图 11-9 【喷射】效果

图 11-10 【雪花】效果

- 暴风雪 ：从一个平面向外发射粒子流，不仅用于普通雪景的制作，还可以表现火花进射、气泡上升等特殊效果，如图 11-11 所示。
- 粒子阵列 ：以一个三维物体作为目标对象，从它的表面向外发散出粒子阵列，效果如图 11-12 所示。

图 11-11 【暴风雪】效果

图 11-12 【粒子阵列】效果

- 粒子云 ：限制一个空间，在空间内部产生粒子效果，效果如图 11-13 所示。常用来制作堆积的不规则群体，如人群、成群的蜜蜂或陨石等。
- 超级喷射 ：从一个点向外发射粒子流，且只能由一个出发点发射，产生线型或锥形的粒子群形态，如图 11-14 所示。

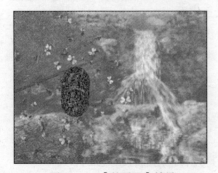

图 11-13 【粒子云】效果

图 11-14 【超级喷射】效果

11.2.1　雪花粒子效果

雪花粒子系统是 3ds Max 2012 中最基本的一种粒子,主要用来生成雪花、礼花以及水中的气泡等特技效果。下面就利用雪花粒子来做一段雪景动画,如图 11-15 所示。

图 11-15　雪花飞扬效果

🗝 制作雪花动画

(1)重新设定系统。单击窗口左上方快速访问工具栏中的⬜按钮,打开教学资源包中的"范例\CH11\11_03.max"场景文件。

(2)在顶视图中创建一个雪花发生器,位置如图 11-16 所示。

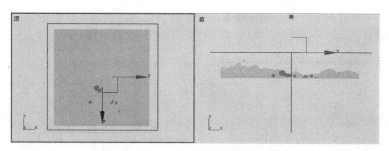

图 11-16　雪花发生器在顶视图中的位置

(3)单击⬜按钮,进入修改命令面板。在【参数】面板中修改雪花参数至如图 11-17 所示。

(4)激活摄影机视图,单击动画时间设置区中的▶按钮,可以预览雪花粒子的动画效果。此时如果渲染摄影机视图,则会看到雪花是黑色的,如图 11-18 所示。这是因为雪花粒子还没有材质的效果。

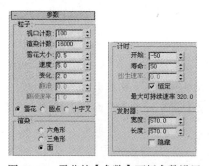

图 11-17　雪花的【参数】面板参数设置

图 11-18　雪花粒子形态

(5)单击主工具栏中的⬜按钮,打开【材质编辑器】窗口,选择一个未编辑过的示例球,其材质参数设置如图 11-19 所示。

(6)单击⬜按钮,将此材质赋予场景中的雪花粒子。

(7)单击主工具栏中的⬜按钮,渲染摄影机视图,此时雪花粒子变为了白色,如图 11-20 所示。

(8)激活透视图,利用快捷键 Ctrl + C,以透视图视角匹配摄影机。

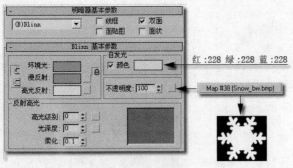

| 图 11-19　材质设置 | 图 11-20　摄影机视图的渲染效果 |

（9）选择摄影机点，在【参数】面板中的【类型】列表框内，将【目标摄影机】选项转换为【自由摄影机】选项，即将目标点摄影机转换为自由摄影机。

（10）单击动画控制区中的 自动关键点 按钮，打开动画记录，然后单击 ▶▶| 按钮，此时时间滑块自动跳到第 100 帧的位置。

（11）在顶视图中将自由摄影机向右移动一段距离，如图 11-21 所示。

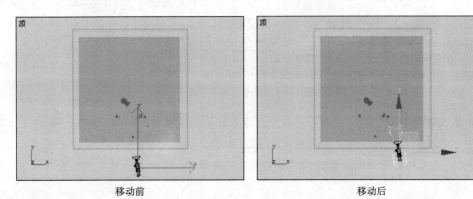

| 移动前 | 移动后 |

图 11-21　摄影机移动前后的位置比较

（12）单击 自动关键点 按钮，关闭动画记录。

（13）选择菜单栏中的【文件】/【另存为】命令，将此场景另存为"11_03_ok.max"文件。此场景的线架文件以相同名字保存在教学资源包的"范例\CH11"目录中。

（14）单击主工具栏中的 按钮，打开【渲染场景】窗口，利用前面所讲的方法渲染输出动画，取名为"雪花.avi"（此文件保存在教学资源包的"范例\CH11"目录中）。

【补充知识】

在雪花的【参数】面板中，常用参数含义如下。

- 【变化】：指雪花下落时以下落直线为中轴位置发生飘移的范围。值越大，它的飘移范围就越大，整个雪花场景的扩散范围也增大。默认值为"0"，即雪花是按直线状态下落的。
- 【恒定】：勾选此选项，使雪花连续不断地产生。
- 【宽度】和【长度】：是指雪花发散器的宽度和长度，这两个参数决定了场景中雪花散布的范围。

11.2.2 实例物体粒子阵列

粒子阵列的创建方法与雪花粒子基本相同，只是它的参数较多，但其主要参数与雪花粒子的类似。本节将使用粒子阵列制作一个精灵飞侠的动画,效果如图 11-22 所示。

图 11-22 精灵飞侠效果

创建粒子阵列动画

（1）重新设定系统。选择菜单栏中的【文件】/【打开】命令，打开教学资源包中的 "范例\ CH11\11_04.max" 场景文件。

（2）选择场景中的【Faery】物体，即小精灵，选择菜单栏中的【组】/【打开】命令，打开成组状态。

（3）利用 【按名选择】功能选择【band】选项，将其在前视图中全屏显示。

（4）单击 按钮，进入修改命令面板，单击【网格选择参数】面板中的 按钮，配合键盘上的 Ctrl 键，在前视图中选择如图 11-23 所示的面。

（5）单击 / 按钮，在其下的 标准基本体 ▾ 下拉列表栏中选择 粒子系统 ▾ 选项。

（6）单击 粒子阵列 按钮，在顶视图中创建一个粒子阵列发生器，形态如图 11-24 所示。

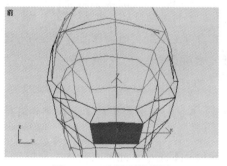

图 11-23 选择面的范围

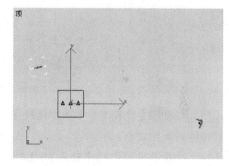

图 11-24 粒子阵列发生器的形态

（7）单击【基本参数】/ 拾取对象 按钮，利用 【按名选择】功能选择【band】选项。

（8）在【基本参数】面板中，选择【粒子分布】/【在面的中心】选项，并勾选【使用选定子物体】选项。

> **要点提示**
> 【在面的中心】：从发射器物体每一个三角面的中心发射粒子。
> 【使用选定子物体】：在网格物体中使用所选择的子物体来发射粒子。

（9）在【视口显示】栏内选择【网格】选项，并设置【粒子数百分比】的值为 "100%"。

> **要点提示**
> 系统默认的粒子比率为 "10%"，表明在显示时只显示粒子总数的 "10%"，当将其改为 "100%" 后，系统中的粒子会全部显示出来，但是这样的设置会占用大量内存，使后续的操作将变得很慢。建议内存小于 512MB 的用户不要更改此选项。

此时播放粒子动画，观察粒子在喷射时的状态，会发现此时粒子的数量很少，并且喷射一段时间后就结束了。下面对它的参数进行修改。

（10）修改【粒子生成】面板中的各参数，如图 11-25 所示。

（11）在【粒子类型】面板中，选择【粒子类型】/【实例几何体】选项，单击【实例参数】/
[拾取对象] 按钮，利用 [按名选择] 功能拾取【BTRFLY】选项。完成后再选择此面板
中的【出生】选项。

（12）单击动画时间设置区中的 ▶ 按钮，播放动画。这时会发现粒子的数量增加了，状态如
图 11-26 所示。

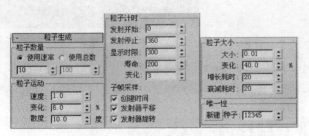

图 11-25 【粒子生成】面板中的参数设置

图 11-26 【粒子类型】面板形态
及修改后的粒子状态

（13）单击 ▮▮ 按钮，停止播放动画。

（14）在【对象运动继承】面板中，将【影响】的值修改为"10"。

当发射器有移动动画时，【影响】值决定了粒子的运动情况。值为"100"时，粒子会
在发射后，仍保持与发射器相同的速度，在自身发散的同时，跟随发射器进行运动，
形成动态发散效果；当值为"0"时，粒子发散后会马上与目标物体脱离关系，自身进
行发散，直到消失，产生边移动边脱落粒子的效果。

（15）利用 [按名选择] 功能选择【band】选项，再选择菜单栏中的【组】/【关闭】命令，
恢复到物体的成组状态。

（16）选择菜单栏中的【动画】/【约束】/【路径约束】命令，此时在物体上出现了一条虚
线，将虚线拖到如图 11-27 左图所示的线型上，单击鼠标左键，所选物体便移动到了线型的起始
端，如图 11-27 右图所示。

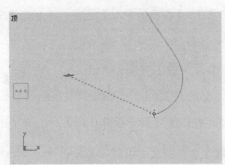
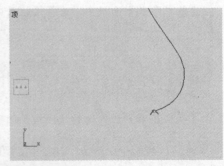

图 11-27 将物体约束到线型的起始位置

在实现路径约束命令的同时，系统会自动进入运动命令面板。

（17）修改【路径参数】面板中的各项设置，结果如图 11-28 所示。修改参数前后的物体形

态比较如图 11-29 所示。

图 11-28　【路径参数】面板

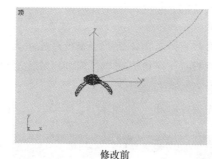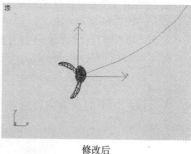

修改前　　　　　　　　　　　　修改后

图 11-29　参数修改前后的物体形态比较

（18）再单击动画时间设置区中的 ▶ 按钮，播放动画。此时粒子会以二维线型为路径进行运动，如图 11-30 所示。

（19）单击 ▮▮ 按钮，停止播放动画。

下面为粒子赋材质。

（20）选择【Parray01】物体，单击主工具栏中的 按钮，在弹出的【材质编辑器】窗口中选择一个未编辑的示例球，将【漫反射】色设为【红】："248"、【绿】："255"、【蓝】："59"的黄色；勾选【自发光】/【颜色】选项，其中【颜色】色块的颜色设置与【漫反射】色块的颜色设置相同。

（21）单击 按钮，将此材质赋予粒子。渲染摄影机视图，效果如图 11-31 所示。

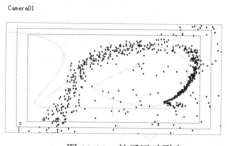

图 11-30　粒子运动形态

图 11-31　摄影机视图渲染效果

（22）选择菜单栏中的【文件】/【另存为】命令，将此场景另存为 "11_04_ok.max" 文件。此场景的线架文件以相同名字保存在教学资源包的 "范例\CH11" 目录中。

（23）单击主工具栏中的 按钮，打开【渲染场景】窗口，利用前面所讲方法渲染输出动画，取名为 "精灵.avi"（此文件保存在教学资源包的 "范例\CH11" 目录中）。

【补充知识】

粒子阵列的【粒子生成】面板中常用参数的含义解释如下。

- 【粒子大小】栏。
- 【大小】：确定粒子的尺寸。

- **【变化】:** 设置每个可进行尺寸变化的粒子的尺寸变化百分比。
- **【增长耗时】:** 设置粒子从尺寸极小变化到尺寸正常所经历的时间。
- **【衰减耗时】:** 设置粒子从正常尺寸萎缩到消失的时间。

11.2.3 重力与导向物的结合应用

重力可以模拟自然界地心引力的影响，对物体或粒子系统产生重力作用，使粒子沿着其箭头指向移动，根据强度值和箭头方向的不同，还可以产生排斥的影响。导向器可以对粒子产生阻挡作用，当粒子碰到导向器时会沿着对角方向反弹出去。

本节将利用重力和导向器来制作瀑布效果，如图 11-32 所示。

图 11-32　瀑布效果

🔑　**制作丛林瀑布**

（1）重新设定系统。单击窗口左上方快速访问工具栏中的 🖿 按钮，打开教学资源包中的"范例\CH11\11_05.max"场景文件。

（2）单击 ⬚ / ⬚ / ⬚ **重力** 按钮，在顶视图中拖曳出一个重力图标，其参数设置如图 11-33 所示。

（3）单击主工具栏中的 ⬚ 按钮，在左视图中将其沿 z 轴旋转约 "−10°"。

图 11-33　重力图标在顶视图中的位置及参数设置

（4）单击主工具栏中的 ⬚ 按钮，将重力图标与喷射发生器进行绑定，如图 11-34 左图所示，使喷射受重力约束，形态如图 11-34 右图所示。

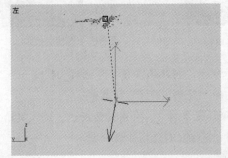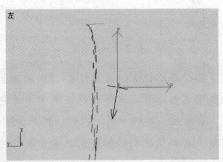

图 11-34　喷射粒子绑定前后的形态

（5）单击主工具栏中的 ⬚ 按钮，渲染摄影机视图，喷射粒子只有下落效果而没有飞溅效果，如图 11-35 所示。

（6）在创建命令面板中的 力 下拉列表中选择 导向器 选项，单击其下的 动力学导向板 按钮，在顶视图中创建一个导向板，位置如图 11-36 所示。

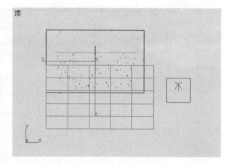

图 11-35　摄影机视图的渲染效果　　　　　图 11-36　导向器在顶视图中的位置

（7）在【参数】面板中单击　拾取对象　按钮，选择场景中的【WATER】物体，修改【参数】面板中的参数设置，如图 11-37 所示。

（8）单击主工具栏中的 按钮，将导向板与喷射发生器进行绑定。

（9）单击　导向球　按钮，在前视图中创建一个导向球，【反弹】值设为 "0.2"。位置如图 11-38 所示。

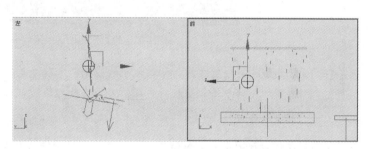

图 11-37　【基本参数】面板中的参数设置　　　图 11-38　导向球在左、前视图中的位置

（10）单击主工具栏中的 按钮，将导向器与喷射发生器进行绑定，使反弹起来的喷射粒子按弧线进行下落，形态如图 11-39 所示。

（11）单击主工具栏中的 按钮，渲染摄影机视图，效果如图 11-40 所示。

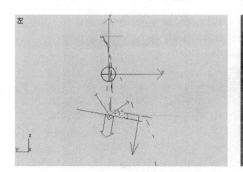
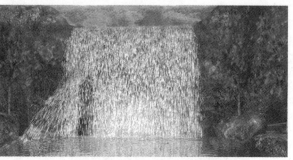

图 11-39　施加导向球的喷射粒子形态　　　　图 11-40　摄影机视图的渲染效果

（12）根据相同方法，在如图 11-41 所示的位置再创建几个导向球，参数与第 1 个导向球相同，然后将导向球分别绑定到喷射粒子上。

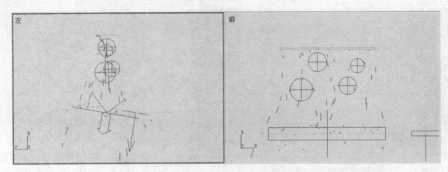

图 11-41　各导向球的位置

（13）单击主工具栏中的 按钮，渲染摄影机视图，效果如图 11-42 所示。

图 11-42　摄影机视图的渲染效果

 若要解除某个空间扭曲物对粒子的影响，可以先选择粒子物体，然后在修改器堆栈中选择相应的空间扭曲物的名称，单击修改器堆栈窗口下方的 按钮，就可以解除该空间扭曲物与粒子之间的关联关系了。

（14）在任意视图中的喷射粒子物体上单击鼠标右键，在弹出的快捷菜单栏中选择【对象属性】选项，在弹出的【对象属性】窗口中，选择【运动模糊】/【图像】选项，为喷射粒子添加运动模糊处理，并将【倍增】值改为"2"，然后单击 确定 按钮，关闭【对象属性】对话框。参数面板如图 11-43 左图所示。

（15）再次渲染摄影机视图，喷射粒子出现运动模糊效果，如图 11-43 右图所示。

图 11-43　参数位置及摄影机视图渲染效果

（16）选择菜单栏中的【文件】/【另存为】命令，将此场景另存为 "11_05_ok.max" 文件。此场景的线架文件以相同名字保存在教学资源包的 "范例\CH11" 目录中。

（17）单击主工具栏中的 按钮，打开【渲染场景】窗口，利用前面所讲方法渲染输出动画，取名为 "瀑布.avi"（此文件保存在教学资源包的 "范例\CH11" 目录中）。

小结

本章重点介绍了以下两部分内容。

（1）粒子系统的使用方法。学习粒子系统首先要从创建发射源开始，用户应当根据使用目的的不同而选择合适的粒子发射源，如果只是模拟一些简单的大面积的粒子效果时，最好选用参数比较简单的【喷射】粒子和【雪】粒子，它们的参数相对简单，控制起来比较方便。如果要创建具有复杂变化的粒子系统，可以考虑选用【粒子阵列】、【超级喷射】类的参数复杂且功能全面的粒子系统。

（2）空间力场与导向物体的使用。改变粒子发射后行进轨迹的方法有很多种，其中空间力场是使用最频繁的功能之一，它可以模拟风力和重力产生对粒子系统的影响。导向物体也是在制作粒子时常用的辅助物体之一，除了可以产生单个物体对粒子的反弹效果之外，还会产生粒子在多个物体之间来回反弹的效果，使用起来非常简便。

在制作粒子系统时，由于发射的粒子数量非常庞大，所以对系统的要求非常高，尤其是在视图中进行动画预览时，尽量使用较少的粒子显示数量，可通过调节【粒子数百分比】参数来控制视图中的粒子数量，但不影响最终渲染效果。

单元练习

一、填空题

1. 重力模拟_____的影响，对_____产生重力作用。

2. 粒子系统主要用于表现_____物体效果，它与_____有非常密切的关系。

3. 雪花的【粒子】类参数中【变化】选项的参数值越大，它的飘移范围就_____，整个雪花场景的扩散范围也_____。

4. 全导向器可以指定任意_____为导向板，对粒子起到_____作用。

二、选择题

1. 雪花的【粒子】参数面板中的【变化】选项，在系统中默认值为 "0"，即表示雪花是按_____状态下落的。

A．曲线   B．直线   C．抛物线   D．射线

2．在制作越级喷射粒子时，修改_____值可以决定粒子从哪一点开始出现。

    A．速度   B．发射时间   C．寿命

3．当粒子阵列发射器有移动动画时，_____值决定了粒子的运动情况。

    A．影响   B．开始   C．寿命   D．变化

三、问答题

1．重力和导向器的作用是什么？

2．怎样解除某个空间扭曲物对粒子的影响？

四、操作题

利用超级喷射粒子和重力制作如图 11-44 所示的烟花效果。此场景的线架文件以"Lx11_01.max"名字保存在教学资源包的"习题场景"目录中。

图 11-44　慧星图形

第12章

渲染与图像输出

渲染是三维制作中最后的输出环节，这个过程是由计算机根据场景中的物体外观尺寸、材质设定、灯光分布等信息自动进行计算并生成二维图像的过程。在摄影机视图或透视图中只能预览到较为粗糙的三维场景效果。在调适材质与灯光的过程中，通常需要反复渲染，才能观察到调整后的场景变化效果。

利用 ActiveShade 交互式渲染可以在调节以上参数过程中实时地观察场景的变化，但有一些计算量较大的工作，在这种渲染方式下无法得到精确的结果，只有通过最终产品级的渲染输出才能生成最终的平面渲染效果。

在制作建筑效果图时，通常只有三维景观是用 3ds Max 2012 制作的，而环境配景通常是在 Adobe Photoshop 中制作的。本章将着重介绍产品级渲染输出以及建筑效果图环境后处理等内容。

本章最后还将介绍【V-Ray】渲染器的使用方法，【V-Ray】渲染器作为 3ds Max 2012 的一个外挂渲染器，使用范围非常广，参数调节简单，是工业产品展示和建筑效果图等领域最常用的渲染器。

12.1 常用渲染工具与概念

在 3ds Max 2012 界面的工具行右侧提供了几个专门用于渲染工作的按钮，分别是 按钮、 按钮和 按钮。

- （渲染场景对话框）按钮：该按钮用来进行场景渲染，它是标准的渲染工具。单击此按钮，可打开【渲染场景】窗口，进行参数设置后完成渲染工作。它的快捷键为 F10。
- （快速渲染）按钮：按默认设置快速渲染当前激活窗口中的场景。它的快捷键为 Shift + Q。

- （交互式渲染）按钮：在 按钮上按住鼠标左键不放，在弹出的按钮组中可看到 按钮，它提供了一个渲染的预览视图，当改变场景中物体的材质及灯光时，它可以自动反映到渲染图上。

12.2 默认【扫描线】渲染器

【扫描线】渲染器通过连续的水平线方式渲染场景，是 3ds Max 2012 从 Video Post 或【渲染场景】窗口渲染场景时默认的渲染器，【材质编辑器】窗口也通过它来显示材质和贴图的情况。渲染结果通过渲染帧窗口显示出来。

12.2.1 【扫描线】渲染器使用方法

下面利用一个蝴蝶的场景来介绍【扫描线】渲染器的使用方法。

【扫描线】渲染器使用方法

（1）重新设定系统。单击窗口左上方快速访问工具栏中的 按钮，打开教学资源包中的"范例\CH12\12_01.max"文件，这是一个蝴蝶的场景，透视图中形态如图 12-1 所示。

（2）激活透视图，单击主工具栏中的 按钮，会弹出【渲染】对话框进行渲染，如图 12-2 左图所示，渲染结果如图 12-2 右图所示。

图 12-1 透视图形态

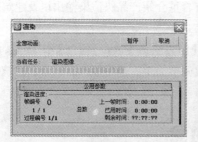

图 12-2 【渲染】对话框形态及渲染结果

下面调整最终渲染图的大小。

（3）关闭渲染结果窗口。单击主工具栏中的 按钮，在弹出的【渲染场景】窗口中，将【输出大小】栏中的【宽度】和【高度】值改为"320"和"240"，或单击右侧的 320x240 按钮也可以改变宽度和高度值。

（4）单击【渲染场景】窗口右下方的 渲染 按钮，渲染透视图。

下面保存这个静帧渲染结果。

（5）在渲染结果窗口中单击 按钮，在弹出的【浏览图像供输出】对话框中的【保存在】选项右侧的文本框中选择合适的文件路径来保存。

（6）展开【保存类型】下拉列表，选择其中的【JPEG 文件】选项，位置如图 12-3 所示。

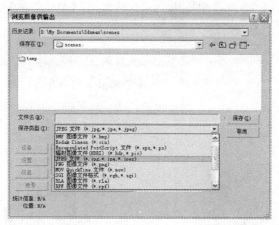

图 12-3 所选项在【浏览图像供输出】对话框中的位置

（7）在【文件名】右侧的文本框内输入文件名"sw"，单击 保存(S) 按钮，此时会弹出【JPEG 图像控制】对话框，如图 12-4 所示，单击此窗口中的 确定 按钮，将渲染图以"sw.jpg"的名字保存起来。

（8）选择菜单栏中的【渲染】/【查看图像文件】命令，在弹出的【查看文件】对话框中选择刚保存的图像文件，单击 打开(0) 按钮，可以看到刚渲染的图像文件，【查看文件】对话框的形态如图 12-5 所示。

（9）观察之后，关闭"sw.jpg"窗口。

图 12-4 【JPEG 图像控制】对话框形态

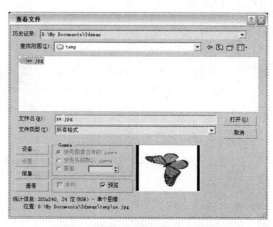

图 12-5 【查看文件】对话框形态

下面进行动画渲染。

（10）仍回到【渲染场景】窗口中，在【时间输出】选项栏内选择【活动时间段】选项，位置如图 12-6 所示。

（11）在【输出大小】栏内确认【图像纵横比】 按钮为开启状态，将【宽度】和【高度】值分别修改为"400"和"300"。

（12）单击【渲染输出】栏内的 文件... 按钮，在【渲染输出文件】对话框中将文件取名为"sw.avi"。注意，要记住文件的保存目标名，在查看时才能找到该文件。

（13）单击该窗口左下角的 ![设置...] 按钮，会弹出【AVI 文件压缩设置】窗口，在下拉列表中选择【MPEG Compressor】，单击 ![确定] 按钮退出该窗口。【AVI 文件压缩设置】对话框形态如图 12-7 所示。

 如果是在新的场景中第一次设置动画文件输出，那么输入了文件名之后，只需要单击 ![保存(S)] 按钮，就会弹出【AVI 文件压缩设置】对话框。

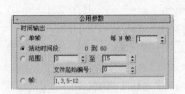

图 12-6 【活动时间段】选项位置

图 12-7 【AVI 文件压缩设置】对话框形态

（14）单击【渲染场景】窗口中的 ![渲染] 按钮开始渲染，在【渲染】对话框中的【全部动画】选项内显示出动画的渲染进程，如图 12-8 左图所示，此时图像会以水平线的方式进行渲染，如图 12-8 右图所示。

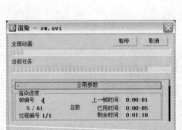

图 12-8 【渲染】对话框形态及图像渲染过程

下面利用内存播放器播放动画文件。

（15）渲染结束后，选择菜单栏中的【渲染】/【RAM 播放器】命令，打开 3ds Max 2012 自带内存播放器窗口。

（16）单击【通道 A】栏中的 ![] 按钮，在弹出的【打开文件，通道 A】窗口中选择刚渲染的 "sw.avi" 动画文件，单击 ![打开(0)] 按钮。

（17）在弹出的【RAM 播放器配置】对话框中设置播放窗口的宽度和高度为 "400×300"。【RAM 播放器配置】对话框形态如图 12-9 所示。

（18）单击 ![确定] 按钮，弹出【加载文件】窗口，形态如图 12-10 所示，将选择的动画文件从硬盘中装载到内存里。

经过一段时间后，"sw.avi" 文件就会出现在【RAM 播放器】对话框中了，此对话框的名称自动改名为 "帧"，形态如图 12-11 所示。

（19）单击【帧】窗口中的 ![▶] 按钮，播放并观看动画效果。

（20）单击 ![■] 按钮停止播放动画。

（21）关闭【帧】窗口，此时会弹出【退出 RAM 播放器】提示对话框，如图 12-12 所示。

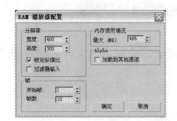

图 12-9　【RAM 播放器配置】对话框形态

图 12-10　【加载文件】窗口形态

图 12-11　【帧】窗口形态

图 12-12　【退出 RAM 播放器】对话框形态

（22）单击 [确定] 按钮，关闭【帧】窗口。

12.2.2　公用渲染参数设置

单击 按钮，可打开【渲染场景】窗口，如图 12-13 所示。其中，【公共参数】面板用于基本的渲染设置，对任何渲染器都适用。

下面就对几个比较常用的选项进行解释。

（1）【时间输出】栏。

该栏主要确定将要对哪些帧进行渲染。

- 【单帧】选项：只对当前帧进行渲染，得到静态图像。
- 【活动时间段】选项：对当前活动的时间段进行渲染，当前时间段以视图下方时间滑块上所显示的关键帧范围为依据。
- 【范围】选项：手动设置渲染的范围，这里还可以指定为负数。

（2）【输出大小】栏。

该栏用于确定渲染图像的尺寸大小。

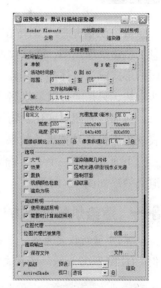

图 12-13　【渲染场景】窗口形态

在这里除了使用系统列出的 4 种常用渲染尺寸外，还可以通过修改【宽度】和【高度】值来自定义渲染尺寸。当激活【图像纵横比】右侧的 按钮时，系统就会自动锁定长度和宽度的比例。

图像纵横比=长度/宽度

（3）【选项】栏。

对渲染方式进行设置。在渲染一般场景时，最好不要改动这里的设置。

（4）【渲染输出】栏。

用于选择视频输出设备，并通过单击 文件… 按钮来设置渲染输出的文件名称及格式。

12.2.3　渲染文件格式

在 3ds Max 2012 中可以将渲染结果以多种文件格式保存，包括静态图像格式和动画格式。每种格式都有其对应的设置参数。

3ds Max 2012 中的常用文件格式有以下几种。

- AVI 格式：Windows 平台通用的动画格式。
- BMP 格式：Windows 平台标准位图格式。支持 8 bit 256 色和 24 bit 真彩色两种模式，它不能保存 Alpha 通道信息。
- JPEG 格式：一种高压缩比的真彩色图像文件，常用于网络图像的传输。
- PNG 格式：一种专门为互联网开发的图像文件。
- TGA，VDA，ICB，VST 格式：真彩色图像格式，有 16 bit，24 bit，32 bit 等多种颜色级别，它可以带有 8bit 的 Alpha 通道图像，并且可以无损质量地进行文件压缩处理。
- TIF 格式：一种位图图像格式，用于应用程序之间和计算机平台之间交换文件。

12.3　渲染烘焙技术

渲染烘焙是基于物体在渲染场景中的外观（包括灯光信息）创建纹理贴图，随后纹理将"烘焙"到物体上，即通过贴图的形式成为物体的一部分。使用这种方法渲染场景，速度会非常快，只是经过渲染烘焙的场景不能用来表现深层的动画效果，例如灯光照射变化及物体运动的动画效果，但可以用它来表现摄影机移动拍摄的效果。

下面就利用一个室内场景文件来介绍渲染烘焙使用方法，渲染效果如图 12-14 所示。

图 12-14　渲染烘焙效果

⚷　渲染烘焙使用方法

（1）重新设定系统。单击窗口左上方快速访问工具栏中的 按钮，打开教学资源包中的"范例\CH12\12_02.max"场景文件。

　因为该场景进行过光能传递计算，所以刚打开场景时有可能会看不到场景里的物体，可以将光能传递计算【全部重置】，再重新计算一遍就可以看到了。

（2）单击 按钮进入显示命令面板，分别将"图形"、"灯光"和"摄影机"物体隐藏起来。

（3）选择菜单栏中的【渲染】/【渲染到纹理】命令，显示【渲染到纹理】窗口，按快捷键

Ctrl + A 选择场景中的所有物体，此时【渲染到纹理】窗口中便会出现所有选择物体的名称，如图 12-15 所示。

（4）向上拖曳窗口内的面板，在【输出】面板中单击 添加... 按钮，弹出【添加纹理元素】对话框，选择其中的第 1 项，即"【CompleteMap】（所有贴图）"选项，位置如图 12-16 所示，然后再单击 添加元素 按钮。

（5）设置【目标贴图位置】为"漫反射颜色"，并勾选【使用自动贴图大小】选项，【输出】面板形态如图 12-17 所示。

图 12-15 【渲染到纹理】窗口形态　图 12-16 【添加纹理元素】对话框　图 12-17 【输出】面板形态

（6）在【渲染到纹理】窗口最底部，选择【渲染】/【已烘焙】选项。拖动参数面板到最顶端，在【常规设置】面板中设置渲染文件输出路径，然后单击 渲染 按钮，进行渲染输出，渲染后的文件为各物体的照明贴图，如图 12-18 所示。

图 12-18 部分照明贴图

 渲染完毕后，打开【材质编辑器】窗口，随便吸取一个材质，会发现场景中的物体材质都变成了【壳材质】，场景中的物体也被自动添加了【自动展平 UVs】修改。

（7）删除场景中的所有灯光。

（8）在【渲染场景】窗口架中，切换到【高级照明】选项卡，取消【活动】选项的勾选状态。

（9）在【环境和效果】窗口中的【曝光控制】面板内，取消【活动】选项的勾选，去除曝光控制。在【公用参数】面板内，将【全局照明】/【级别】值设为"0"，【环境光】色设为"白色"。

要点提示 如果场景中的物体再次被隐藏了，可以先去除【光能传递】模块，然后全选所有物体删除一次，立刻按键盘上的 + 键，恢复场景的物体，就可以看到了。

（10）激活摄影机视图，将时间滑块拖动到任意一帧，渲染该位置的动画，速度非常快，而渲染效果与场景中布满灯，然后光能传递分布之后的效果完全相同，这种方法是很好的快速渲染动画场景工具。

（11）单击窗口左上方的 按钮，在下拉列表中选择【另存为】命令，将此场景另存为"12_02_ok.max"文件。此场景的线架文件以相同名字保存在教学资源包的"范例\CH12"目录中。

12.4 打印输出向导工具

渲染输出的图像通常都会根据精度的需要来决定输出尺寸的大小，在 3ds Max 2012 中有一个打印大小向导工具，就是专门用来根据打印纸张的大小而设定输出图像分辨率的。在 3ds Max 2012 中有一个打印尺寸向导模块，在打印输出一幅渲染过的图像时，打印尺寸向导可以很方便地完成各种相关设置，它可以根据打印的要求来指定输出图像的尺寸、分辨率以及方向等。打印向导采用的是一个标准的图形测定系统，而非一般的像素模式。它还可提示该图像输出的磁盘文件的大小，并通过该工具直接进行渲染或将设置传送到渲染场景面板中进行渲染。

⛏ 打印大小向导

（1）重新设定系统。单击窗口左上方快速访问工具栏中的 按钮，打开教学资源包中的"范例\CH09\ 9_02_ok.max"场景文件。

（2）选择菜单栏中的【渲染】/【打印大小助手】命令，显示【打印大小向导】对话框，设置【纸张大小】为"A4 – 297×210mm"，选择【横向】选项。

（3）单击 文件... 按钮，设置输出文件的目录和名称，本例设置的路径和文件名为"D:\Program Files\Autodesk\3dsMax8\image\电梯间场景.tif"（此文件保存在教学资源包的"范例\CH12"目录中）。各参数设置如图 12-19 所示。

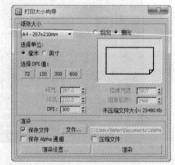

（4）单击 渲染 按钮，进行渲染。

（5）渲染完毕后，关闭各对话框。选择菜单栏中的【渲染】/【查看图像文件】命令，在上面保存的路径中选择刚渲染的图像，可以查看渲染图像。

图 12-19 【打印大小向导】对话框设置

【补充知识】

【打印大小向导】对话框中的常用参数解释如下。

（1）【纸张大小】栏。

- A4 - 297x210mm 下拉列表：在纸张尺寸下拉列表中可以设置几个标准打印模式和长宽比，也可以自定义尺寸。
- 【纵向/横向】：选择输出图像的打印方向。
- 【选择单位】：指定纸张宽度和高度的尺寸单位是"毫米"还是"英寸"。
- 【选择 DPI 值】：设置输出图像每英寸的像素点数。系统提供了 4 种常用的分辨率，系统默认为"300DPI"。

- 【图像宽度/高度】：以像素为单位，指定输出图像的宽度和高度。改变任一设置也会同时改变对应的纸张尺寸的设置。
- 【DPI】（每英寸像素点）：以每英寸打印点数为单位指定输出分辨率。简单的设置方法是单击【选择 DPI 值】下的任一按钮。

（2）【渲染】栏。

- 【保存文件】：为将渲染的图像指定存盘路径及文件名。
- 【保存 Alpha 通道】：勾选此选项可将图像的 Alpha 通道保存到输出图像中。Alpha 通道为黑白两色信息，场景中的背景部分为黑色。
- 【压缩文件】：勾选此选项可在存储文件时进行压缩处理。

12.5　【V-Ray】渲染器

　　V-Ray 是一款专业的 3D 渲染引擎，它可以渲染出高品质、真实感的图像，该渲染器以设置简单、效果突出、渲染快速而著称，在建筑设计和工业模型展示等领域得到了广泛的应用，所以本书特意添加了 V-Ray 渲染模块的功能使用方法介绍。

　　该模块并非 3ds Max 2012 的基本功能，而是以外挂的形式安装和使用的，所以在安装了 3ds Max 2012 之后，还需要另外购买并安装 V-Ray 程序。由于 V-Ray 渲染器，很多渲染工作都是调用显卡上的 GPU 来进行渲染的，所以计算机上的显卡性能，将会得到最大程度的发挥，所以同样的场景在安装了不同显卡的机器上使用效果和效率会有很大区别。

　　V-Ray 渲染器支持多处理器渲染，例如图 12-20 所示的是使用专用图形工作站渲染一个场景时的状态，图中同时出现 8 个渲染块，说明有 8 个线程在同时进行渲染。现在最普通的 CPU 也是双线程的，所以这种渲染块多数情况下是 2 块。图中的白色数字是为了便于读者看清图示而标注上的，在实际渲染中是不出现这些数字的。

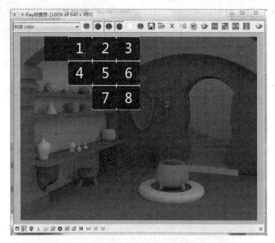

　　V-Ray 有很多版本，多是英文版，本书为了学习方便特意选用了汉化版本，版本号是：

图 12-20　4 核 8 线程的处理器渲染块状态

V-Ray 2.0 SP1，专用于 3ds Max 2012 的版本。如果读者选用其他版本，有可能会出现参数面板位置不同的情况。

12.5.1　调用【V-Ray】渲染器渲染

　　【V-Ray】渲染器的渲染过程与扫描线渲染器不同，它是以块的方式生成图像的。

调用【V-Ray】渲染器

　　（1）首先重置场景，准备从头开始创建一个用于学习 V-Ray 渲染器调用过程的场景。

（2）首先在场景中创建一个【茶壶】物体以及一个【环形结】物体。将环形结向上移动一些，使其底部与茶壶底部平齐，位置如图12-21所示。

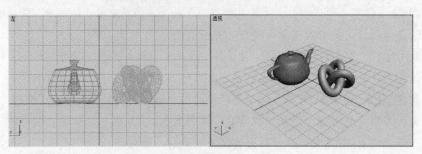

图12-21　两个物体之间的位置关系

（3）单击 / / 标准基本体▼ 下拉列表框，在弹出的下拉列表中选择 VRay ▼ 选项。

（4）单击 VR_平面 按钮，在透视图中任意位置单击鼠标左键。系统就创建一个V-Ray专用的平面物体，形态及参数设置如图12-22所示。

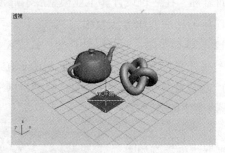

图12-22　创建V-Ray平面物体

> **要点提示** 此时如果单击主工具栏中的 按钮，系统就会选择默认的【扫描线】渲染器进行渲染，渲染结果是看不到平面物体的。

（5）单击主工具栏中的 按钮，打开【渲染场景】对话框，在【公用】面板中展开对话框最下方的【指定渲染器】面板，如图12-23所示。

（6）单击【产品级】选项右侧的 按钮，在弹出的【选择渲染器】对话框中选择【V-Ray Adv 2.10.01】选项，如图12-24所示。

图12-23　【指定渲染器】面板

图12-24　【选择渲染器】对话框

（7）单击 确定 按钮并关闭【选择渲染器】对话框。此时在【指定渲染器】面板中【产品级】选项内的渲染器就换成了【V-Ray Adv 2.10.01】。

另外一个选项【V-Ray RT 2.10.01】也是 V-Ray 渲染器的一个模块，是实时渲染模块，在修改场景的同时，会自动进行实时渲染，但是它对计算机硬件要求很高。

（8）取消【公用/公用参数】/【渲染帧窗口】的勾选。就在【电子邮件通知】栏名字的上方位置，如图 12-25 所示。

（9）进入【VR 基项】页面，勾选【帧缓存】/【启用内置帧缓存】选项，并取消【MAX 获取分辨率】勾选，如图 12-26 所示。

图 12-25　【渲染帧窗口】参数的位置

图 12-26　【VR 基项】参数面板

（10）确定透视图是当前激活视图。单击 ▉▉ 按钮进行渲染。可以看到一个铺满屏幕的平面物体上面放着一个茶壶和一个环形结。

此时场景使用的是默认灯光照射的效果，看不出与【扫描线】渲染器的区别。下面简单设置几个选项，就可以看出 V-Ray 渲染器的特殊效果了。

（11）进入【VR 间接照明】页面，勾选【开启】选项，打开间接照明计算，如图 12-27 左图所示。为了增加场景的环境光效，还需要切换到【VR 基项】页面，展开【V-Ray：：环境】面板，勾选【开】选项，从而这个场景增加了天光效果，如图 12-27 右图所示。

图 12-27　开启天光和间接照明计算

（12）确定透视图是当前激活视图。单击 ▉▉ 按钮进行渲染。此时系统渲染时间将会加长，渲染速度将由硬件性能决定。渲染完成后就可以看到柔和的天光和间接照明的效果了，效果如图 12-28 所示。

12.5.2　【V-Ray】渲染器的光照效果

【V-Ray】渲染器拥有丰富的光照效果，包括环境光照、自带灯光系统、自发光材质照明等，这些照明系统可以通过简单的操作实现过去需要大量灯光阵列才能实现的间接光照效果，本节将分别演示这些照明方式的调节和使用方法。

图 12-28　天光与间接照明计算效果

【V-Ray】渲染器的光照效果

我们先在 V-Ray 的渲染窗口中的环境参数面板中，为场景添加一个 HDR 贴图，观察这种带光度信息的贴图照明效果，然后再创建一盏 VR_光源，观察 V-Ray 自带的灯光效果。如图 12-29 所示。

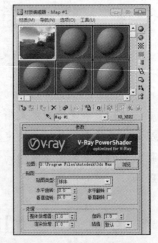

（1）继续上一场景，场景中已经添加了一个简单的单色环境光，默认是淡蓝色的，读者还可以用一组带有光度信息的 HDR 贴图来模拟各种复杂环境中环境光照的效果。

（2）打开【渲染场景】对话框，单击【VR 基项】/【环境】/【开】选项右侧的【None】长按钮。

图 12-29　V-Ray 的光照效果

（3）在【材质/贴图浏览器】窗口中，选择【VR_HDRI】选项，然后单击 确定 按钮。此时【None】长按钮上就会显示出【VR_HDRI】字样。此时并没有完成 HDR 贴图的指定，需要配合材质编辑器才能完成这个工作。

（4）单击主工具栏中的 按钮，打开【材质编辑器】对话框，确认与【渲染场景】对话框并排摆放着。然后将鼠标光标放在 Map #1 （VR_HDRI） 按钮上，按住鼠标左键拖曳，将该按钮的贴图拖曳到【材质编辑器】中的一个示例球上，确认为【实例】方式。如图 12-30 所示。

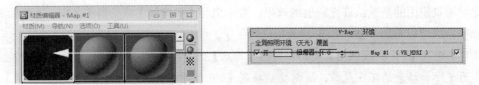

图 12-30　将【VR_HDRI】贴图拖曳到材质实例球上

（5）在【材质编辑器】中，单击【参数】/【位图】右侧的 浏览 按钮。在弹出的窗口中选择 "Autodesk\3ds Max 9\maps\HDRs" 目录中的 "KC_outside_hi.hdr" 文件。

（6）将【贴图】/【贴图类型】改为 "球体"，参数设置及实例球效果如图 12-31 所示。

渲染场景可以看到，场景中的光感和色调都发生了一些微妙的变换。如果想让场景更亮一点，可以简单地增加材质编辑器中的【整体倍增器】的数值。下面将采取另外一种方法使渲染图像变得明亮起来。

（7）单击 / / 标准 ，在列表中选择【V-Ray】选项，单击命令面板中的 VR_物理像机 按钮。在顶视图中按住鼠标左键拖曳，创建一个相机物体。

图 12-31　材质编辑器参数位置

> 要点提示　V-Ray 的相机是模仿单反相机的参数而设置的，因此需要用户对单反相机的操作与调节有一定的基本了解。

（8）激活透视图，单击键盘上的 C 键，将透视图转换成相机视图。利用界面右下角的视图导航控制区中的按钮，将相机视图调整回刚才透视时的角度。

（9）确认【VR_物理像机 01】物体为被选中状态，进入修改命令面板，将【基本参数】/【光圈系数】改为"1.2"，再将【快门速度】改为"100"。

> **要点提示** 光圈值与快门速度数值越小，场景就越亮，这两个参数相互配合使用，可以在不改变场景灯光参数的情况下，得到不同明暗效果的输出效果。

（10）渲染相机视图，会发现这次渲染输出的图像明暗效果变化非常明显，效果如图 12-32 所示。接下来再为这个场景添加一盏 V-Ray 专用的灯光。

（11）单击🔧/💡按钮，在列表中选择【V-Ray】选项，单击命令面板中的 VR_光源 按钮。在顶视图中按住鼠标左键拖曳，创建出一个平面的光源物体。然后移动并旋转该灯光物体，使其处于图 12-33 中所示的位置。

图 12-32　通过 VR_物理相机渲染的场景效果

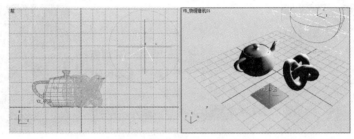

图 12-33　创建一盏 VR_光源

> **要点提示** VR_光源是一个面光源，光源物体本身，默认是可渲染的，而且这种光源可以轻而易举的实现柔和的阴线过度效果。

（12）渲染相机视图，会发现靠近灯光的部分出现曝光过度的白光斑。解决这个问题的方法有很多种。

- 一种方法是，将灯光物体移远一些，因为 V-Ray 的灯光有自动衰减功能，离灯光越远的物体，得到的光照越小。
- 另一种方法是，进入修改命令面板，降低灯光的【倍增】参数，或者修改灯光物体的【大小】参数，将【半长度】和【半宽度】参数缩小。
- 还有一个种方法是，提高 VR_物理相机的【光圈系数】和【快门速度】数值，也可以降低场景的曝光过度效果。

（13）将 VR_光源的【大小】/【半长度】参数改为"5"，【半宽度】参数改为"40"。再将 VR_物理相机物体的【快门速度】升高到"200"。渲染相机视图，曝光过度问题解决了，效果如图 12-32 所示。

（14）单击窗口左上方的◉按钮，在下拉列表中选择【另存为】命令，将场景另存为"12_VR_照明.max"文件。

12.5.3　【V-Ray】渲染器的材质效果

【V-Ray】渲染器不但支持 3ds Max 的默认材质，还提供了专用的材质类型，调节方法与 3ds Max

默认材质有很大区别，V-Ray 的材质更趋于简化，只需要调节几个简单的参数就可以得到区别非常大的材质效果。

下面分别介绍 V-Ray 材质的调节方法。

反射材质效果

本节将以几种反射材质为例，详细介绍 V-Ray 的材质调节方法，最终效果如图 12-34 所示。

【步骤解析】

（1）继续上一场景。单击主工具栏中的 按钮，打开【材质编辑器】窗口，选择 1 个未编辑的示例球。

（2）单击 Standard 按钮，在弹出的【材质/贴图浏览器】对话框中选择【VRayMtl】选项，单击【反射】参数右侧的黑色块，将其调成一个很浅的灰色，将这个材质赋予茶壶物体。参数位置与渲染效果如图 12-35 所示。

图 12-34　反射材质效果　　　　　　　　图 12-35　反射参数位置与渲染效果

观察茶壶顶部反射区域，发现有一块明显的黑斑，这是因为环境中是一片黑色，才造成这种效果的。虽然在渲染设置中已经为场景添加了一个 HDR 贴图，接下来贴一张特殊的带光度信息的环境贴图。

（3）在菜单栏中选择【渲染】/【环境】命令，打开【环境和效果】窗口。

（4）回到材质编辑窗口，使其与环境窗口并排摆放。在这个窗口中，应该还保留着之前已经调节过的一个 HDR 贴图。

（5）在该实例球上按住鼠标左键拖曳，将其拖到环境窗口中，【环境贴图】下方的 无 按钮上，确认为【实例】方式，材质拖曳过程如图 12-36 所示。

图 12-36　添加了环境贴图之后的渲染效果

（6）再将此材质赋予环形结物体，再次渲染相机视图，效果如图 12-34 所示。

（7）单击窗口左上方的 按钮，在下拉列表中选择【另存为】命令，将场景另存为"12_VR_金属.max"文件。

这样就产生了质感非常强烈的金属效果，读者只需要简单的修改几个参数，就可以得到效果非常好的陶瓷反射效果了。

（8）回到材质编辑器，选中反射材质的实例球，先将漫反射色修改成一种青绿色。

（9）勾选【菲尼尔反射】选项。并且单击【高光光泽度】右侧的锁定按钮，取消锁定状态。

（10）然后分别修改【高光光泽度】参数和【反射光泽度】参数。参数位置如图 12-37 左图所示。渲染相机视图，效果如图 12-37 右图所示。

（11）单击窗口左上方的 按钮，在下拉列表中选择【另存为】命令，将场景另存为"12_VR_陶瓷.max"文件。

12.5.4　【V–Ray】玻璃材质以及焦散效果

在制作三维场景的过程中，经常会遇到制作玻璃材质的效果，单纯的玻璃材质比较容易制作，但是玻璃材质的透光效果就比较复杂了，本节将重点介绍为场景添加玻璃材质和焦散效果，渲染效果如图 12-38 所示。

图 12-37　修改参数位置以及渲染效果　　　　　图 12-38　场景渲染效果

【V-Ray】玻璃材质

（1）继续上一场景，单击 按钮，打开【材质编辑器】窗口，单击【折射】/【折射】右侧的色块，将其改为白色。这样场景中的茶壶和环形结就变成透明的了。

（2）将折射的【光泽度】参数值修改成"0.8"，这样可以得到一种磨砂玻璃的效果。

为了得到更加真实的玻璃光照效果，接下来将开启【焦散】渲染效果。

（3）进入渲染设置窗口，勾选【VR_间接照明】/【V-Ray::焦散】/【开启】选项。将【最大光子数】参数值改为"300"。然后渲染场景，效果如图 12-38 所示。

（4）单击窗口左上方的 按钮，在下拉列表中选择【另存为】命令，将场景另存为"12_VR_玻璃.max"文件。

小结

本章重点介绍以下几部分内容。

（1）渲染烘焙技术。该技术主要用来制作虚拟现实浏览，烘焙后的场景将只会保留三维物体外观以及每个面上的贴图，可以极大地降低场景的复杂程度。有一点需要注意，场景的原始材质如果有复杂的反射效果，在烘焙渲染时就无法得到正确的反射效果。

（2）渲染输出及环境后处理。产品级的渲染输出是一个将三维场景渲染生成平面图形的过程，根据不同的需要，输出尺寸会有所不同，可以使用打印大小向导工具来完成最终分辨率的设定。

平面图形渲染完成后，一般都会用到平面图像处理软件进行后期处理，在为渲染后的图形添加配景时，应注意配景与渲染图像的协调关系以及色调、视角、阴影、尺寸比例等各方面的统一。

（3）V-Ray 渲染器。3ds Max 2012 除了自带渲染器之外，还可以以外挂的形式添加其他的渲染器，其中非常普及的一个渲染器是 V-Ray 渲染器。该渲染器拥有自身的一套全局光和焦散渲染模块，它的渲染效果优于扫描线渲染，但计算量惊人，渲染复杂场景时，速度会更慢一些。

单元练习

一、填空题

1. 为场景实行烘焙渲染后，场景中的物体材质都变成_____的，场景中的物体也被自动添加了_____修改。

2.【V-Ray】渲染器的渲染过程是以_____方式生成图像的。

二、问答题

1. 请分别说明 ⬚ 按钮、⬚ 按钮和 ⬚ 按钮的含义。

2. 简述什么是渲染烘焙技术？

三、操作题

打开教学资源包中的"习题场景"目录中的"Lx12_01.max"场景文件，利用 V-Ray 渲染器制作场景的反射和折射效果，效果如图 12-39 所示。最终线架文件以"Lx12_01_ok.max"为名保存在教学资源包的"习题场景"目录中。

默认渲染效果　　　　　　　【V-Ray】渲染器的反射和折射效果

图 12-39　【V-Ray】渲染器的反射和折射效果